钻井利器的 故事

The Story of
Drilling Tools

梁 健 梁 楠 ⊙ 主编

中国地质科学院勘探技术研究所
中国地质学会探矿工程专业委员会 ⊙ 组编

工 欲 善 其 事 必 先 利 其 器

中南大学出版社
www.csupress.com.cn
·长沙·

编 — 委 — 会

在人类探索地球奥秘的漫长历史中，钻井技术一直扮演着至关重要的角色。从最初的手工掘进到现代自动化钻井，技术上的每一次进步都极大地推动了资源开发和科学研究的深入。本书正是基于这样的背景，向大众展示钻井技术的创新成果。

在本书中，我们将一起探索那些在地表和地下深处工作的钻井工具和技术。从"铝合金钻杆"到"保真取样钻具"，从"金刚石钻头"到"'慧磁'高精度定向中靶导向系统"，每一种技术都是人类智慧的结晶，它们不仅提高了钻井的效率和安全性，也扩展了我们对地球内部的认知。

我们希望通过对现有钻井技术的介绍，为大众勾勒出一幅钻井技术发展的宏伟蓝图。同时，我们也会介绍这些技术背后的科学原理，以及它们在现代钻井作业中的应用和挑战。我们相信，通过对这本书的阅读，大家不仅能够获得知识和信息，更能够感受到科技的力量和人类探索未知的勇气。

最后，我们要感谢王文、王庆晓、王志刚、王晓赛、尹浩、冯起赠、伍晓龙、刘治、刘协鲁、齐力强、汤小仁、孙建华、杜垚森、李宽、李之军、何楠、汪凯丽、张永勤、张金昌、张恒春、欧兴贵、周绍武、侯岳、施山山、袁长金、袁进科、贾美玲、曹龙龙、董向宇、蔡家品、谭慧静、樊广月(按姓氏笔画排序)等编写人，以及所有为钻井技术发展作出贡献的科学家、工程师和工作人员，是他们的辛勤工作让这一切成为可能。同时，我们也希望这本书能够激发更多人对地球科学和工程技术的兴趣，共同推动科技的进步和创新。

欢迎进入《钻井利器的故事》，让我们一起开启这场探索之旅吧。

目录

1　全液压岩心钻机

钻探是矿产勘探开发最直接、最有效的手段,可获取岩心等地质资料,探明矿产储量和质量。新一轮找矿突破战略行动以来,钻探工程面临工作量大、分布区域广、承钻单位多等挑战,优选先进、适用的钻探设备有助于高质量钻探工程的实施。自然资源部办公厅发布的《关于加强新一轮找矿突破战略行动装备建设的指导意见》中,明确提出要推广模块化钻机等绿色勘查装备,助力找矿突破战略行动取得重大突破。全液压岩心钻机作为我国地质岩心钻机的主要发展方向,在矿产勘探中发挥着重要的作用。

1.1　岩心钻机与液压

俗话说:"工欲善其事,必先利其器。"要做好钻探这件事,也得收拾下手中的家伙事儿。走进钻探现场,第一时间注意到的耸立在孔口的就是钻机,如图 1-1 所示。作为地面上最重要的钻井利器,钻机的地位可谓首屈一指,其中全液压岩心钻机更是钻机家族中的佼佼者[1-3]。

钻机就是往地下钻孔的机器,要搞明白钻机,先看钻探的过程。在生活中最常见的"钻探"就是手电钻打孔,如图 1-2 所示。手电钻工作时,施加给旋转的钻头一个压力,使钻头打破钻进的物体,从而形成钻孔。钻机的主要功能和手电钻类似,也是提供压力和旋转运动。不同的是,手电钻的钻头是实心的,会把钻进的物体全部打碎,而岩心钻机使用的钻头是空心的,要钻出一个环状的钻孔,取出中间的柱子——岩心,工作过程如图 1-3 所示。

图 1-1　钻探施工现场

力

旋转

图 1-2　手电钻打孔工作

回转和给进钻具的目的是通过钻头实现连续的岩石破碎和钻孔加深，升降和拧卸钻具用于提取岩心、更换钻头、加长钻具或执行其他相关工作。钻机必须具有上述功能，并配备对应的回转机构、给进机构、提升机构和拧卸机构；此外，为了给每个工作机构提供合适的动力，还要设置必要的传动机构、能量转换机构、控制装置，并将这些机构集成在一个底座上[4-6]。

图1-3　岩心钻机钻进工作

那"液压"又是怎么一回事呢？液压是以液体（多为水或油）作为介质来传递力的一种机械方式，最突出的特点是结构简单、传动动力大。这点和杠杆类似，如图1-4所示，利用一块小石头和一根棍子组成一根杠杆，只需要很小的力就可以撬动大石头。同样地，如图1-5所示，在密闭的容器内，只需要很小的力就可以抬升重物，只是重物上升的速度慢一些。液压传动机构可以理解为能够实现速度和力量切换的小个子大力士。

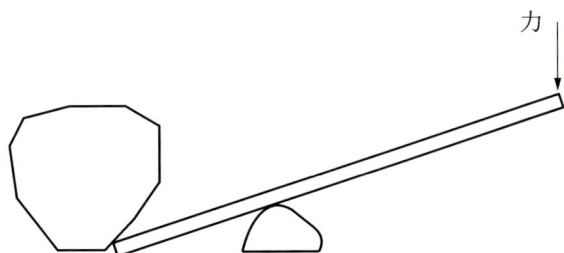

图 1-4 杠杆工作示意图

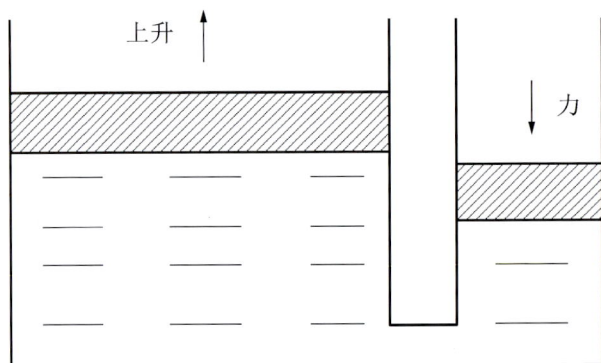

图 1-5 液压传动示意图

自 18 世纪末英国制成世界上第一台水压机起,液压传动技术已有二三百年的历史。20 世纪 60 年代后,液压传动技术得到了广泛应用,并成为实现生产过程自动化、提高劳动生产率等必不可少的重要手段之一。目前,液压传动技术在实现高压、高速、大功率、高效率、低噪声、耐用和高度集成等各种要求方面取得了重大进展,在比例控制、伺服控制、数字控制等技术方面也有许多新成果[7]。

与传统的机械传动相比,液压传动具有功率密度大、无级调速、运动平稳、大范围的力和速度调节、易于实现自动化控制、过载保护等技术优势,已成为各类机械实现传动和控制的重要技术手段。

那么,钻机遇上液压传动又会擦出什么样的火花呢?

1.2　全液压岩心钻机的由来

什么是"全"液压钻机？难道还有"半"液压岩心钻机不成？是的，在全液压钻机问世之前，常用的立轴式油压给进钻机就是一种"半"液压岩心钻机，其只有施加压力的给进机构是液压传动，其余旋转等动作都是依靠皮带、链条、齿轮等机械传动实现的，如图1-6所示。立轴式油压给进钻机是20世纪40年代中期随着金刚石钻探技术与液压技术发展起来的，在此之前常用岩心钻机类型为立轴式手把给进钻机。

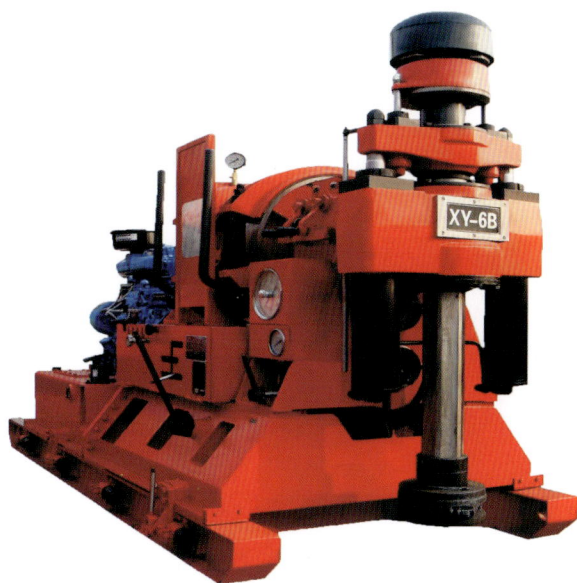

图1-6　立轴钻机

立轴式手把给进钻机的给进、旋转等动作都是机械传动实现的，经历了人力、蒸汽机、柴油机等不同动力驱动的阶段，是一种不能调速(后期实现了变速箱调速)的低速钻机，适用于硬质合金钻进、钢粒钻进。这种钻机的优点是结构简单、成本低、坚固耐用，缺点是机构笨重、机械化程度低、钻进效率低。立轴式油压给进钻机相较于立轴式手把给进钻机，转速提高到500~2000 r/min，速度级数增多到6~12挡，基本能够满足金刚石钻进的需求[8]。

全液压岩心钻机有了液压技术的加持，在继承立轴钻机基本功能的基础上，实现了性能上的突破，市场上全液压岩心钻机钻进深度已经达到了 3500 m，此类钻机的外形如图 1-7 所示。其中液压无级变速简化了钻机传动机构，既减轻了钻机质量，又能充分利用动力，采用长行程液压油缸，给进行程为 3.5~5 m，比立轴钻机的 0.5~0.6 m 要长得多，大幅度减少了倒杆的次数，液压传动工作平稳，操作方便安全，对高速小口径钻进（如金刚石钻进）尤为合适，自带桅杆，取消了钻塔，钻机上集成泥浆泵，全部为模块化设计，采用液压或电液控制的仪表化按钮化工作台，实现了远距离集中控制，履带实现了钻机移动自由，增加了机动性，方便搬家[9]。

可是，遇到高山、丘陵，履带也上不去时该怎么办呢？

图 1-7　全液压岩心钻机

1.3　全液压岩心钻机升级版——轻便岩心钻机

轻便岩心钻机（也称便携式全液压岩心钻机或模块化钻机）作为全液压岩心钻机的升级版，采用分体模块化设计，是专门针对高山、丘陵等难进入地区而研发的。将操作台、动力单元、油箱等设计为独立模块，可以像拼搭积木一样将钻机组装起来，如图 1-8 所示。

图 1-8 轻便岩心钻机

　　国外轻便岩心钻机的研制起步较早，20 世纪 70 年代就已经形成系列化，采用轻便岩心钻机+直升机吊运方式可在难进入地区实施钻探工程。代表产品包括加拿大 Multi-Power 公司的 Discovery 系列，Hydracore 公司的 Hydracore 2000、Hydracore 4000 等。轻便岩心钻机的特点是模块多、轻质合金材料使用多、中空卡盘式动力头、单元质量相对较轻、人性化细节设计、便于操作、价格昂贵等。

　　自 2012 年中国地质科学院勘探技术研究所开展轻便岩心钻机研究工作以来[10-11]，国内逐步开始了系列化便携式钻机的生产和市场化运作，英格尔、诺克、普华英工、远东兄弟等国内轻便钻机主流公司的产品已经进行了市场验证，并得到了广大用户的认可。

　　轻便岩心钻机在继承全液压岩心钻机优势的基础上，充分发挥模块化设计的优势，使得各部件结构紧凑、布局合理；通过精心规划和优化，将钻机的关键组件集成在有限的空间内，减少了不必要的冗余部分；采用先进的制造工艺和轻量化材料,在保证钻机强度和性能的前提下,减轻了各部件的质量和体积,具备搬迁方便、布置灵活、地形适用性广等特点。在山区等难进入地区的应用实践表明,轻便岩心钻机配备小型履带车或人抬肩扛分模块运输,可以大幅度减小进场道路的修筑规模[12]。

机场占地面积小也是轻便岩心钻机的一项重要优点,在空间受限的作业区域,可以通过巧妙的组合和布置,最大程度地减少对场地的占用。同等能力的轻便岩心钻机占地面积是全液压岩心钻机的70%左右,是立轴钻机的60%左右[13]。机场占地面积小就意味着对地表的影响小,可以有效地减轻对耕地、林地、草地及周边环境的破坏,契合了绿色勘查中环境影响小的要求,因此轻便岩心钻机将会成为新一轮找矿突破战略行动的主力设备。

经过工程实践验证,轻便岩心钻机在600 m以浅的稳定地层钻进效率高、施工周期短、综合经济成本低,但是随着钻孔深度增加,轻便钻机提下钻时间长的问题逐步显现出来。以1000 m钻孔为例,钻机常规配备的钻杆为1.5 m长,全孔约660根钻杆,如图1-9所示。提、下1根钻杆需要约45 s,提、下一次大钻时间为16~18 h。钻杆摆放与孔口对正作业都为人力操作,钻工作业强度大,不利于安全施工。此外,轻便钻机动力头扭矩小,导致钻机处理事故的能力较弱。为促进轻便钻机在深孔中更好地发挥作用,下一步需要开展钻机结构优化、孔口自动化与大扭矩动力头研究等相关工作。

图1-9 1000 m钻孔的钻杆

1.4 全液压岩心钻机的未来

像社会上很多领域使用自动化、智能化设备一样，全液压岩心钻机的发展也会朝着智能化、高效化、绿色化方向前进[14-16]。

（1）随着自动化技术和人工智能的不断进步，全液压岩心钻机将配备更先进的智能控制系统。这将能够使其实现自动识别地层情况、制定钻进参数、进行故障诊断和预警，以及远程操控，从而大大提高作业的精度和效率，减少人为操作失误。

（2）未来的全液压岩心钻机将拥有更强大的动力系统和更优化的钻机结构，能够在更复杂的地质条件下快速、稳定地钻进，并缩短钻探周期。同时，可以通过改进液压系统和传动装置，减少能量损耗，提高能源利用率。

（3）为了适应全球对环境保护的严格要求，全液压岩心钻机将致力于降低能耗和减少污染物排放，采用新型的节能技术和环保材料，减少噪声和振动，以降低对周边环境的影响。

参考文献

［1］李社育，董朝晖，王龙.XDL-1800 型全液压岩心钻机的研发[J].探矿工程(岩土钻掘工程)，2012，39(6)：8-11.

［2］张金昌，孙建华，谢文卫，等.2000m 全液压岩心钻探技术装备示范工程[J].探矿工程(岩土钻掘工程)，2012，39(3)：1-7.

［3］张金昌，刘凡柏，冉恒谦，等.2000m 地质岩心钻探关键技术与装备[J].探矿工程(岩土钻掘工程)，2012，39(1)：3-8.

［4］王繁荣.XD 系列全液压动力头岩心钻机的研制和应用[J].探矿工程(岩土钻掘工程)，2011，38(12)：43-46.

［5］刘凡柏，王庆晓，李文秀，等.YDX-2 型全液压岩心钻机的研制[J].探矿工程(岩土钻掘工程)，2009，36(9)：32-35.

［6］侯庆国.XD-3 型全液压动力头式岩心钻机的研制与应用[J].探矿工程(岩土钻掘工程)，2007(8)：27-30.

［7］李海金，陈贵清.液压与气动技术[M].3 版.北京：北京航空航天大学出版社.2015.

［8］武汉地质学院.岩心钻探设备及设计原理[M].北京：地质出版社.1980.

[9] 孙友宏, 薛军, 夏志明, 等. 液压动力头岩心钻机设计与使用[M]. 北京: 地质出版社. 2011.

[10] 高鹏举, 董耀. 基于 ANSYS Workbench 的轻便岩心钻机动力头有限元分析[J]. 探矿工程(岩土钻掘工程), 2016, 43(9): 20-25.

[11] 李文秀, 孟义泉, 董向宇, 等. YDX-1 型轻便岩心钻机的研制与应用[J]. 探矿工程(岩土钻掘工程), 2015, 42(2): 8-14.

[12] 刘蓓, 寇少磊, 朱芝同, 等. 便携式模块化钻机在绿色地质勘查工作中的应用实践[J]. 钻探工程, 2022, 49(2): 30-39.

[13] DB43/T 2373-2022, 绿色勘查技术地质钻探技术规范[S].

[14] 刘跃进. 岩心钻探设备的现状与发展[J]. 探矿工程(岩土钻掘工程), 2007(1): 39-43.

[15] 张林霞, 李艺, 周红军. 我国地质找矿钻探技术装备现状及发展趋势分析[J]. 探矿工程(岩土钻掘工程), 2012, 39(2): 1-8.

[16] 张伟. 关于我国地质岩心钻机发展方向的分析[J]. 探矿工程(岩土钻掘工程), 2008(8): 1-5.

2 铝合金钻杆

大陆科学超深钻探、深层油气钻井及大洋深水钻探作业过程中，除地层条件复杂及不确定性外，还将遭遇"井温高、压力高、管柱长、井径大"的困难与挑战，采用常规钻井机具难以满足钻井要求，施工效率低、周期长，成本与能耗高，钻井安全难以保障，甚至无法实施。铝合金钻杆以其独特的优越性，即具有重量轻、比强度高、钻进深度大、所需能耗小等特点[1-6]，已成为超深井钻探中钻柱的优选材料体系。铝合金钻杆，顾名思义，是一种由铝合金材料制造而成的钻杆，是钻探专业领域使用的一种钻井工具。在介绍铝合金钻杆之前，请允许我先带领大家认识一下钻柱和钻杆这对兄弟。

2.1 钻柱=钻杆?

钻柱是在钻井过程中连接地表装备与井底工具的超长杆件，其由钻头、钻铤、稳定器、钻杆、专用接头及方钻杆连接而成(图2-1)，实现起下钻头、施加钻压、传递动力、输送钻井液、处理事故等功能。

钻杆是一种两端带有螺纹的中空长管，出于物资运输、钻井工艺、机加工制造与成本控制等因素的考虑，每根钻杆长度一般在几米到十几米之间。根据钻井深度的要求，钻柱由成百上千根钻杆连接而成。因此，钻杆是钻柱的基本组成部分。

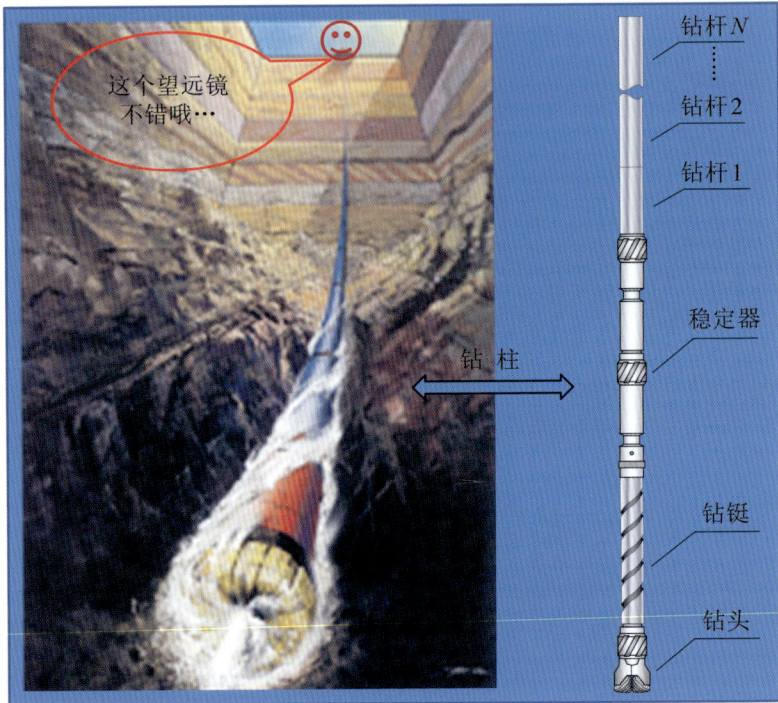

图 2-1　钻柱的组成

2.2　钻柱可以无限长吗？它的极限长度是多少

　　每种物质都有其自身重力，钻杆也不例外。钻柱中越靠近地表的钻杆，由于它所悬挂的钻杆比较多，下部重力相对较大，当钻井超过某一深度时，钻柱自重就能将井口处附近钻杆拉断，因此钻柱存在它的极限应用长度[7]。

　　就好比倒挂人梯的杂技表演，最上边的第一个人，脚部固定，用手握住第二个人的脚，第二个人用手握住第三个人的脚，依次倒挂下去……（如图 2-2所示）。为了倒挂更多的人，需要保证第一个人身体最强壮，并保证他下面的人质量总和尽量轻，这就要求我们寻找既强壮而又"苗条"的杂技演员，就是说，越靠近地表的钻杆要求越"强壮"，越靠近孔底的钻杆要求越轻。当每根钻杆所受的极限拉力等于其下端所接钻杆重力时，就达到了钻柱的极限长度。

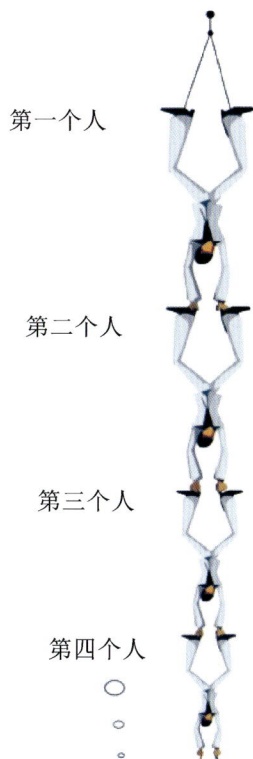

第一个人

第二个人

第三个人

第四个人

图 2-2　倒挂人梯杂技表演

2.3　铝合金钻杆就是我们梦寐以求的"既强壮又苗条的杂技演员"

铝合金钻杆一般由钢质的公(母)接头、铝合金杆体通过螺纹连接组成(图 2-3),相对于钢钻杆具有密度小、质量轻、比强度高等优点(图 2-4)。虽然相对于钢钻杆,铝合金钻杆强度有所降低,但其密度大大减小,使得钻柱的极限长度大大增加。铝合金钻杆的"到场",配合钢钻杆组成的钻柱,使得钻探工程这一"伸入地壳的望远镜"能够"望得更远"。

母接头　　　→A　杆体　　公接头　A—A

过渡带　　→A　　　加厚端　　　内通道

高强度铝杆体

API标准钢接头

锥螺纹
热过赢嵌装

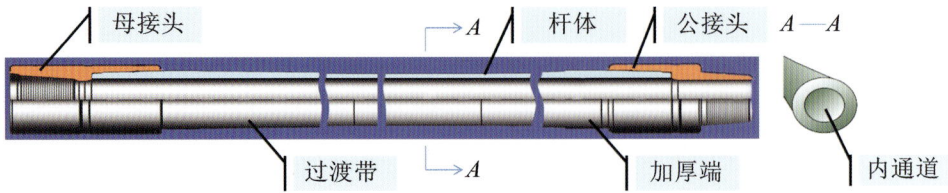

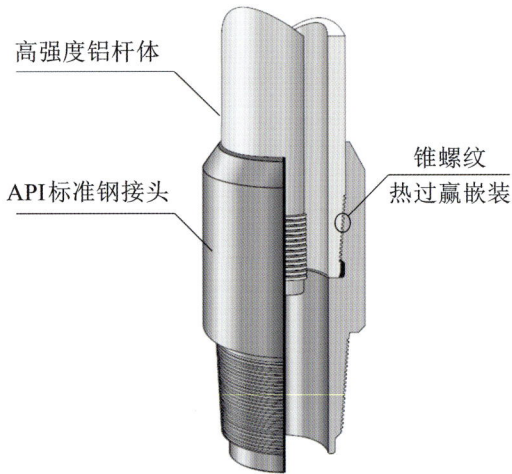

图 2-3　铝合金钻杆结构示意图

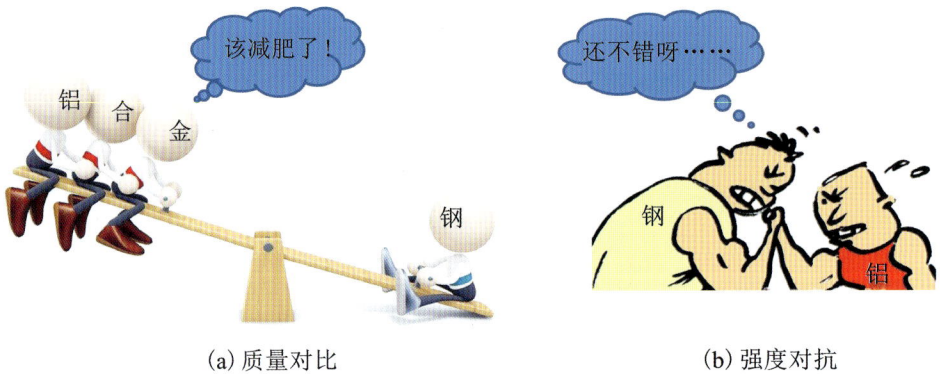

该减肥了！

还不错呀……

铝合金

钢

钢　铝

（a）质量对比　　　　　　　（b）强度对抗

图 2-4　钢钻杆与铝合金钻杆能力对比

2.4 铝合金钻杆的"前世今生"

自 20 世纪 60 年代,铝合金钻杆由瑞典的克芮留斯公司研制成功以来,一些国家开发的铝合金钻杆已经形成系列,并应用于难进入地区、大位移井、定向井、超深井钻进,以及深部科学钻探中。其中,最为著名的应用案例是苏联 CГ-3 科学超深井,铝合金钻杆技术作为 CГ-3 科学超深井三大特色技术之一,为提高人类向地下空间进军的能力做出了巨大的贡献。

21 世纪初,中国地质科学院勘探技术研究所首先提出了"我国铝合金钻杆应逐步完成其批量化、系列化和低成本的开发应用"。目前,经多轮立项研究,铝合金钻杆已初步形成系列[8],包括 ϕ34 mm、ϕ42 mm、ϕ52 mm 普通外丝钻杆,ϕ60 mm 水文及环境地质评价钻孔抽水与压水试验用全铝钻杆,ϕ91 mm 和 ϕ114 mm 绳索取心钻杆,ϕ95 mm 反循环钻进用双壁钻杆,ϕ147 mm 石油及科学深部钻探用钻杆(图 2-5)。如今,亚洲最深的大陆科学探井"松科 2 井"中成功应用了铝合金钻杆,充分体现了其在减少钻机动力消耗、降低钻探施工难度、提高钻探效率、减轻工人劳动强度等方面的优势。

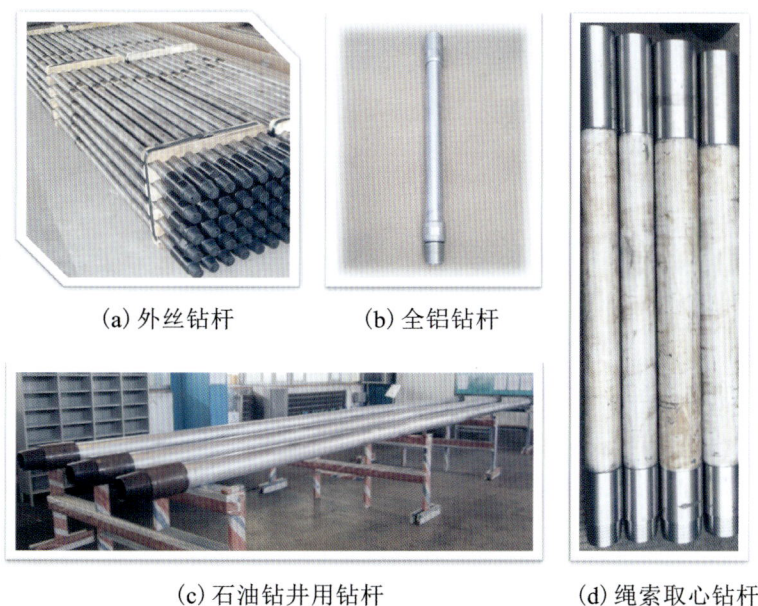

(a) 外丝钻杆　　　　(b) 全铝钻杆

(c) 石油钻井用钻杆　　　　(d) 绳索取心钻杆

图 2-5　勘探技术研究所开发的系列铝合金钻杆

图 2-6 所示为国内外应用铝合金钻杆的几个重大工程。

(a) 苏联科拉半岛超深井
(СГ-3井)

(b) 松辽盆地科学探井
(CCSD_SK-2井)

(c) 惠州油田大位移钻井
(HZ25-4井)

图 2-6　铝合金钻杆在国内外超深井应用示例

2.5　铝合金钻杆任重道远

虽然铝合金钻杆表现出优异的技术优势,但现阶段铝合金钻杆还存在 3 个方面的不足[9-14](图 2-7)。

(1)硬度方面。铝合金钻杆的材料硬度偏低,在钻进过程中易产生磨损等损伤。

(2)热稳定性方面。随着井深的不断增加,地温持续升高,铝合金钻杆在高温条件下具有力学性能衰减的特性。

(3)耐腐蚀方面。钻井过程中所使用的钻井液在高温高压的作用下具有较强的腐蚀性,致使铝合金钻杆极易发生腐蚀。

因此,要努力实现铝合金钻杆技术的优化与升级,设计制造出长寿命、高可靠性的铝合金钻杆,为我国未来的万米深地与深水科学钻探工程的谋划与实施提供基础实验数据,为我国进一步推进地壳探测工程计划提供理论支撑和技术支持。

图 2-7　铝合金钻杆的"痛楚"

参考文献

[1] 胡福昌. 铝合金钻杆试验概况[J]. 地质与勘探, 1978(4)：52-54.

[2] 王达, 张伟, 汤松然. 俄罗斯科学深钻技术概况和特点——技术考察系列报道之四[J]. 探矿工程, 1995(4)：53-56.

[3] 鄢泰宁, 薛维, 卢春华. 铝合金钻杆的优越性及其在地探深孔中的应用前景[J]. 探矿工程(岩土钻掘工程), 2010, 37(2)：27-29.

[4] 梁健, 刘秀美, 王汉宝. 地质钻探铝合金钻杆应用浅析[J]. 勘察科学技术, 2010(3), 62-64.

[5] 梁健, 彭莉, 孙建华, 等. 地质钻探铝合金钻杆材料研制及室内试验研究[J]. 地质与勘探, 2011, 47(2)：304-308.

[6] 孙建华, 梁健, 张永勤, 等. 地质钻探高强度铝合金钻杆研制及其应用[J]. 探矿工程(岩土钻掘工程), 2011, 38(7)：5-8.

[7] 梁健, 孙建华. 科学超深井钻杆柱受力分析与计算[C]//中国地质学会探矿工程专业委员会. 第十六届全国探矿工程(岩土钻掘工程)技术学术交流年会论文集, 北京：地质出版社, 2011.

[8] 孙建华,梁健,王立臣,等.深部钻探铝合金钻杆开发应用[J].探矿工程(岩土钻掘工程),2016,43(4):34-39.

[9] 王小红,郭俊,闫静,等.铝合金钻杆材料生产工艺及磨损研究进展[J].材料热处理学报,2013,34(S1):1-6.

[10] 唐继平,狄勤丰,胡以宝,等.铝合金钻杆的动态特性及磨损机理分析[J].石油学报,2010,31(4):684-688.

[11] 梁健,郭宝科,孙建华,等.铝合金钻杆微动疲劳寿命分析[C]//中国地质学会探矿工程专业委员会.第十八届全国探矿工程(岩土钻掘工程)技术学术交流年会论文集,北京:地质出版社,2015.

[12] 梁健,岳文,孙建华,等.超声波冷锻与阳极氧化处理铝合金钻杆摩擦学性能研究[J].地质与勘探,2016,52(3):576-583.

[13] 梁健,岳文,孙建华,等.超声表面滚压处理铝合金钻杆的高温摩擦学性能[J].中国表面工程,2016,29(5):129-137.

[14] 梁健,顾艳红,岳文,等.科学超深井钻探铝合金钻杆的腐蚀失效分析[J].探矿工程(岩土钻掘工程),2017,44(2):60-66.

3 井下动力钻具

　　我们的地球蕴藏着丰富的地下资源，这些资源是人类赖以生存的重要宝藏，其主要包括各种金属和非金属矿产、地下水、地热等，人们通过开发利用这些地下资源来获取绝大部分人类生产和生活所需的工业原料、建筑材料、水源和能源等（图3-1），以保障和维持生存，并促进社会文明及科技的发展。然而，要查明与获取地下资源，主要是通过钻井方式形成最直接的地下通道[1-2]。钻井工程的出现为寻获地下埋藏的丰富能源、资源提供了重要手段，并丰富了

图3-1　地下资源的利用

生产和生活的物资基础。随着科技进步，钻井方式也从人工掘井逐步发展到旋转钻井。依据钻井过程中破碎岩土所用钻头的驱动方式不同，现代旋转钻井技

术可分为地面驱动钻进方式和井下动力驱动钻进方式，二者的根本区别在于是井口水平面以上驱动钻柱旋转还是地面以下通过井下动力器具在井筒底部直接驱动钻头旋转。本章将带领读者了解"井下动力钻具"这一钻井利器。

3.1 "破碎"地下岩层所用的力

要在地下形成"井眼"，首先需要将地层中的岩土粉碎并排出，这项碎岩排土工作由钻井完成。在早期钻井中，是采用柔性绳索上下活动钻具，通过重力产生的锤击作用力碎岩，称之为"顿钻"，其破碎岩层的机理如图 3-2（a）所示；随着技术的发展，利用一根管柱保持井内液体循环流动并带走破碎岩屑的转盘旋转钻井方法大幅提升了碎岩效率，并逐步发展成由刚性杆或管柱周向旋转的

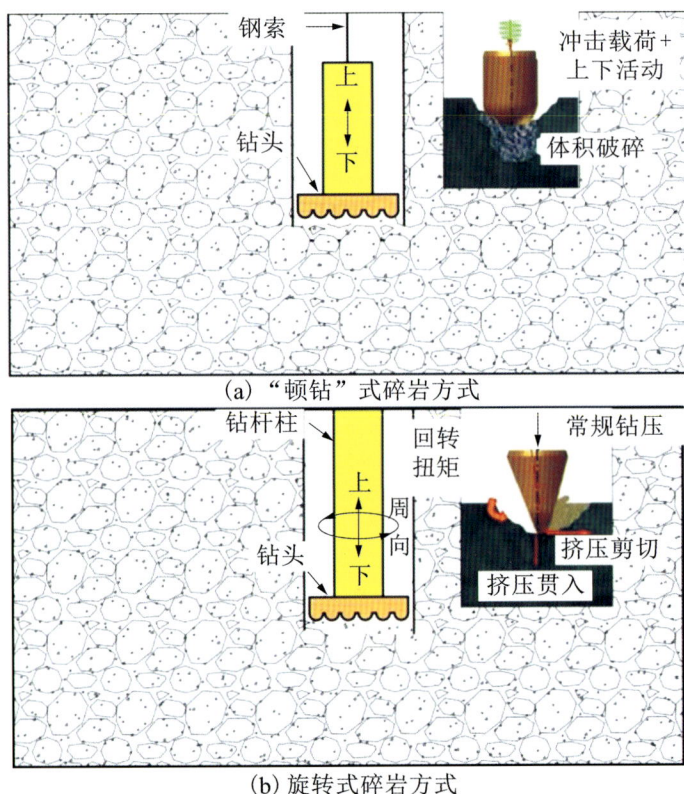

（a）"顿钻"式碎岩方式

（b）旋转式碎岩方式

图 3-2　岩土机械式破碎

同时传递下压力，最终产生挤压贯入与回转剪切作用力的"旋转"碎岩方式[2]，称之为"旋转钻进"，如图 3-2(b)所示。上述机械式破碎岩层的方式是后期发展更高效碎岩技术的基础，"顿钻"碎岩作用效率低，基本不再被单一应用，而旋转式碎岩方式可产生复合力，从而实现高效碎岩，因此旋转钻进技术已成为当前国内主流钻井方法。

3.2　井下动力钻具及其作业方式

20 世纪 20 年代初，苏联首先开发了涡轮钻具，其也是最早用于钻井工程的井下动力钻具，井下动力钻具旋转钻井技术的产生是继地表钻机转盘驱动旋转钻井技术之后的又一次伟大的钻井技术革命[3-4]。所谓的井下动力钻具，即指旋转钻进过程中刚性钻杆柱不旋转而在井底靠近钻头附近独立产生回转驱动力直接驱使钻头工作的器具。井下动力钻具旋转钻井与转盘旋转钻井的区别在于，转动钻头的动力由地面移到了井下，并直接作用在钻头上。井下动力钻具是一种能量转换机构，其以一段圆柱短接的结构形式连接在钻井管柱下端，将钻井循环介质的压力能或地面输送的电能转化为钻头破碎岩层的机械能。

目前，井下动力钻具在地质钻探、油气钻探和煤田钻探领域得到了广泛应用。与地面转盘旋转钻井相比，在地面设备、清除岩屑和机械碎岩方法等不变的情况下，井下动力钻具的出现，减少了成百上千米的井下管柱旋转时与井壁摩擦产生的过多能量消耗，降低了井下钻杆柱折断事故的风险，如图 3-3 所示[5]。因此，在油气需求量急剧增加，钻井新技术不断完善和发展，定向井、水平井、分支井等成规模应用的背景下，井下动力钻具迭代更新有助于节约钻井成本、提高钻井效率。

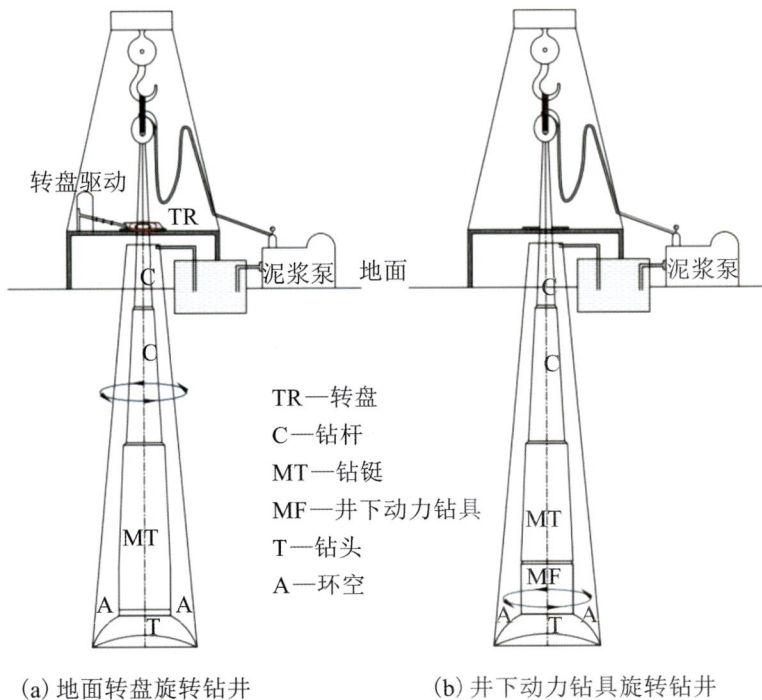

(a) 地面转盘旋转钻井   (b) 井下动力钻具旋转钻井

图 3-3　地面转盘与井下动力钻具旋转钻井方式对比

3.3　常用井下动力钻具种类及工作特点

根据驱动力的来源不同，井下动力钻具基本上可分为电力驱动和液力驱动两种类型，电力驱动就是依靠电能带动，液力驱动即是靠钻井液流通来产生动力。常用的电力驱动型井下动力钻具就是井下电动钻具；液力驱动型井下动力钻具包括螺杆钻具和涡轮钻具[6]。近些年，随着科技进步和材料的革新，这些钻具有了不同程度的改进，但在动力原理方面没有发生革命性的改变。

3.3.1　电动钻具

井下电动钻具是电动钻井方法的关键器具，其组成结构包括充油式潜水电动机、减速器和主轴三大主要部分，另有附属压力平衡补油机构、密封结构、减振机构及井下遥测系统等[7]。钻井过程中由地面供电系统提供电能，经钻杆柱内线缆传导至井底电动机，并由电动机做动力驱动工具，驱使转轴带动减速器及主轴输出扭矩，最后将扭矩传递到钻头实现旋转钻井，如图3-4所示[8-9]。

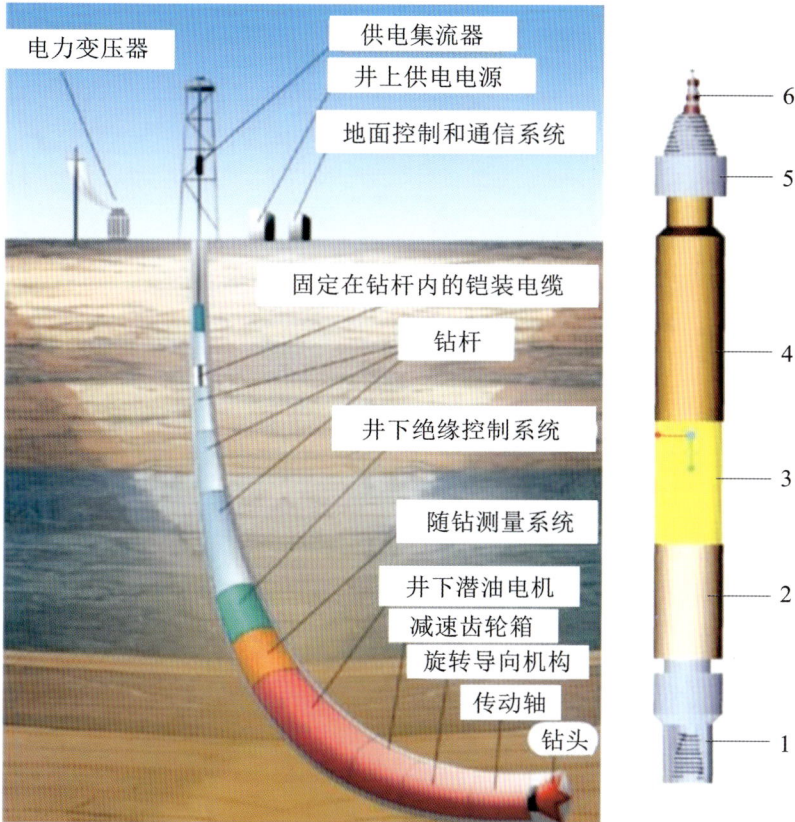

1—钻头接头；2—主轴；3—减速器；4—潜水电动机；5—上部接头；6—电缆接触杆。

图3-4　电动钻具井底组合结构

19世纪末20世纪初国外开始进行井下电动钻具的研制，主要有苏联、美国、法国、罗马尼亚、联邦德国和日本等国家。1937年苏联工程师研制的井下电动钻具首次成功应用于工程钻井，大力推动了井下电动钻具的发展及规模化应用，也促使苏联成为使用井下电动钻具最早和技术最好的国家。苏联制造的井下电动钻具结构简单，可以不带齿轮减速装置，工作转速可达530 r/min或680 r/min，故障率低，目前俄罗斯使用井下电动钻具获得的最大钻井深度已达

7000 m，总进尺超过 $1200×10^4$ m[7]；美国研制的电动钻具附有一套行星齿轮减速装置，可通过变频将工作转速控制在 40~400 r/min，可以更好地与连续油管技术相结合；法国研制成功的小功率井下电动钻具与柔杆钻机配合进行钻井工程与海底取心[8-9]。我国井下电动钻具的研究尚属初级阶段，油气钻井的应用更是空白状态，主要原因是核心技术不够成熟、电机结构不完善、供电安全问题未实质性解决等，虽然 20 世纪 70 年代上海跃进电机厂和北京地质勘探研究所合作研制出了两台功率为 50 kW、外径为 150 mm 的井下电动钻具，但试验钻孔深度较浅，仅有 427 m 和 602 m，后期研究样机均投入了矿场试验。

3.3.2　螺杆钻具

当前钻井工程中使用最广、应用最成熟的井下动力钻具应属螺杆钻具。螺杆钻具是液力驱动的一种容积式马达，其关键部件主要由传动轴总成、万向轴总成、马达总成、防掉总成和旁通阀总成 5 大部分组成，如图 3-5 所示。

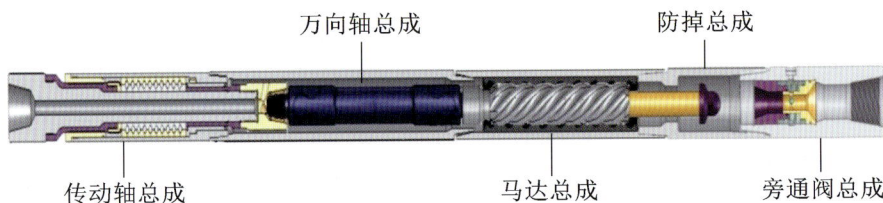

图 3-5　螺杆钻具结构

作为关键的井下动力钻具，螺杆钻具是通过定子、转子组成的马达总成将流经钻具的高压钻井液液压能转化为传动轴旋转的机械能，从而带动钻头破岩。螺杆钻具的定子和转子分别为具有一定几何参数的螺旋曲面特征的壳体和金属轴，定子和转子的螺旋曲面相互啮合，但两者存在导程差，从而形成螺旋密封线并形成密封腔。钻井液在单位时间内以一定速度不断填充密封腔并达到足够压力值后，就会促使密封腔形状和大小改变，从而推动转子在定子中旋转，表现为钻井过程中压降值的变化。随着转子的转动，密封腔沿着轴向移动并不断生成和消失，从而实现能量转化。

螺杆钻具的定子、转子对应的螺旋线数量称为"螺旋线头数"，转子头数与定子头数比一般为 1:2、3:4、5:6、7:8、9:10，定子头数比转子头数多 1。

在螺杆钻具选型时，转子螺旋线头数越少，转速越高、扭矩越小；反之，转子螺旋线头数越多，转速越低、扭矩越大。不同头数比的定子、转子形成的密封腔形式如图3-6所示。

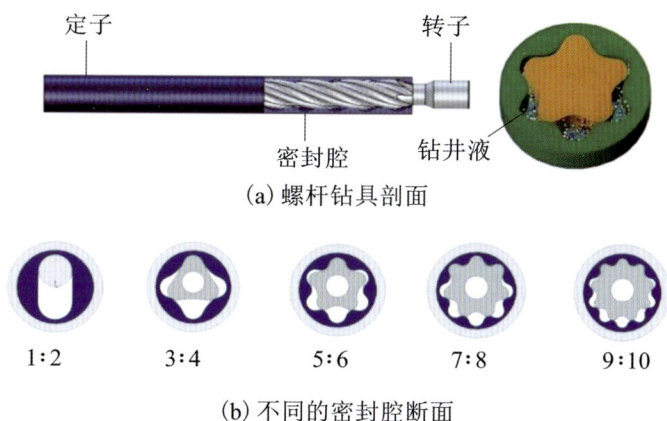

(a) 螺杆钻具剖面

1:2　3:4　5:6　7:8　9:10

(b) 不同的密封腔断面

图3-6　螺杆钻具密封腔

螺杆钻具技术最具代表性的国家是美国，其自20世纪50年代开始研究单螺杆钻具，60年代投入使用，80年代得到快速发展。随着科技的发展进步，新材料、新工艺的广泛应用大幅度提高了螺杆钻具零部件的质量和延长了使用寿命，Navi Drill小直径螺杆钻具利用人造聚晶金刚石（PDC）轴承，使钻具的使用寿命延长至250~300 h[10-11]。我国从20世纪80年代初期开始不断消化和吸收国外螺杆钻具先进技术，历经几十年，技术发展得已非常完善，钻具品种规格齐全并已系列化，能为垂直井、定向井、分支井及开窗侧钻等工程提供井下动力钻进技术支持。目前，国内螺杆钻具产业相对成熟，最小外径能做到43 mm，最大直径可做到286 mm，且形成了分流螺杆钻具、空心转子螺杆钻具、多头低速大扭矩螺杆钻具、抗高温螺杆钻具等系列，与国外产品相比，在寿命、性能方面的差距也越来越小，但在材料选用、结构优化方面有待进一步提升。

3.3.3　涡轮钻具

涡轮钻具作为当前应用最广泛的两种井下动力钻具之一，在全球钻井应用市场中的占比虽不及螺杆钻具，但因其独特的优点而被应用于超深井、地热井等高温环境和坚硬难钻地层中的井底驱动钻进，可满足垂直井、定向井等不同工况需求。与容积式马达的螺杆钻具不同，涡轮钻具是一种特殊的叶轮式井下动力钻具[4, 12]，其组成部件主要包括涡轮节、支承节及减速器，使用过程中可采用1个或多个涡轮节与单个支承节组装成常规涡轮钻具，或再增加1个减速器组成减速涡轮钻具[13]，其结构特征如图3-7所示。

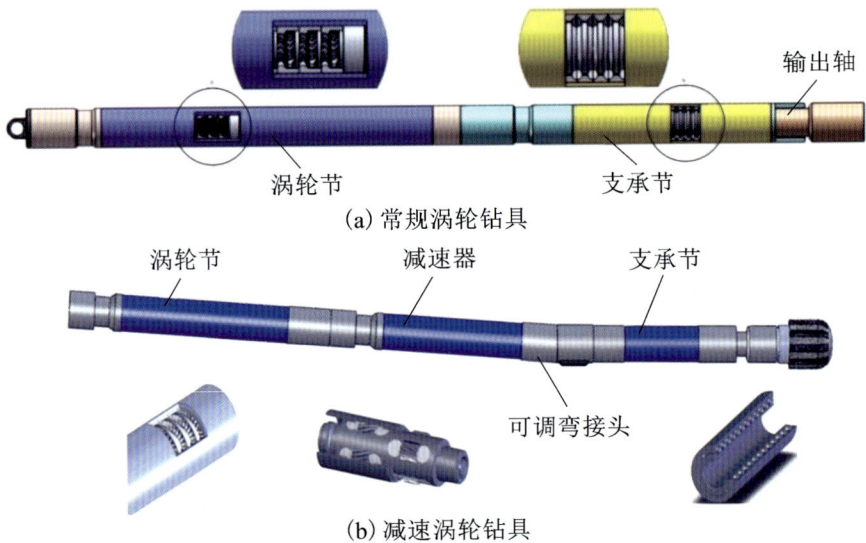

图 3-7　涡轮钻具

　　涡轮钻具的能量转换机构是涡轮节中串联的许许多多涡轮的定子、转子，并且每副涡轮的定子、转子均含有一定数量周向排列的叶片，其中定子串固定、转子串可转动。钻井液通过这些涡轮节中的涡轮副并流经叶片时，便产生冲击力和压力差，从而产生驱动转子旋转的作用力并带动输出轴旋转，达到驱动钻头的目的。涡轮钻具的工作机理类似于飞机在空中飞行过程中机翼上下形成气体压差从而产生托举力一样，转子中的叶片相当于飞机机翼，只是多了许多固定的定子，利用定子叶片对液流流动方向进行引导，并高效地作用于转子叶片使其转动，如图3-8所示。

　　涡轮钻具是发展为工业应用最早的井下动力钻具，1949年其在苏联发展已趋于成熟并在后续很长一段时间内成为当时的主流钻井方法，1956年法国Neyrpic公司(Sii-Neyrfor公司前身)最先取得苏联涡轮钻具生产许可，并使其

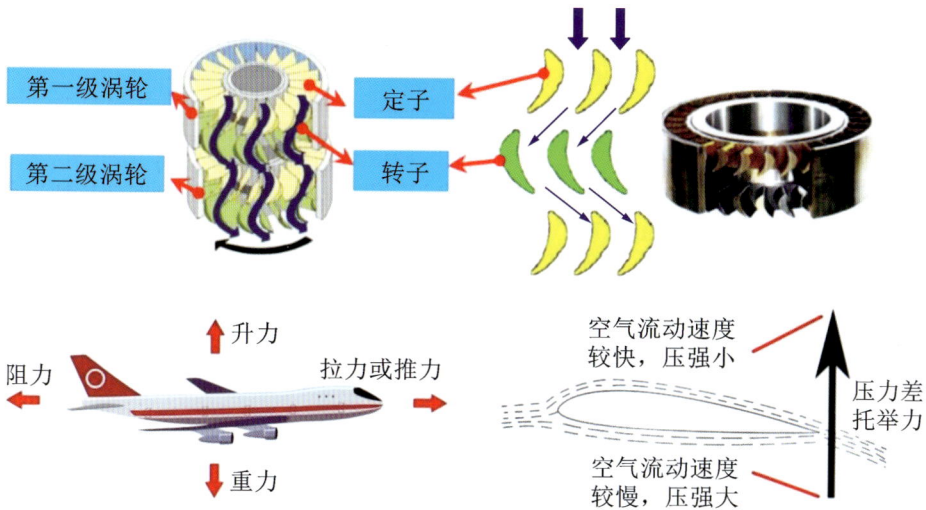

图 3-8　涡轮钻具驱动原理

不断发展且逐渐占据了西方涡轮钻井市场的主导地位[14]。近年，俄罗斯和美国在涡轮钻具产品研发和推广应用方面取得了显著成果，俄罗斯的产品类别包括高速涡轮钻具和减速涡轮钻具，最具代表性的公司是 VNIIBT 公司；美国的斯伦贝谢公司在 2010 年收购了 Sii-Neyrfor 公司后，技术优势得到大幅提升并主要发展中高速涡轮钻具，凭借原有的钻头技术优势，斯伦贝谢公司采用涡轮钻具配合 PDC 钻头和孕镶金刚石钻头等开展复合钻井技术服务，在国际钻井市场占据了重要地位。我国自 20 世纪 80 年代开始自主研发涡轮钻具并开展钻井试验，依托"七五"攻关项目相继完成 $\phi195$ mm、$\phi175$ mm 规格涡轮钻具的研制，并在四川地区 2500~4000 m 井段投入生产试验，取得了较好的应用效果；虽然受到国外技术封锁以及螺杆钻具对井下动力钻具市场的挤占，但国内仍有少数科研机构和企业坚持在涡轮钻具结构改进、水力效率提升和支承节工作寿命延长等方面进行自主研发，例如中国石油大学（北京）、长江大学（原江汉石油学院）及西南石油大学等依托石油钻井需求在减速涡轮钻具、连续油管配套涡轮钻具、三维空间扭曲叶片涡轮钻具等方面取得了较为突出的研究成果；在大陆科学钻探、地质取心的涡轮钻具应用方面，中国地质调查局勘探技术研究所（下面简称勘探技术所）、北京探矿工程研究所近些年也做了大量研究，勘探技术所相继研发了中空取心涡轮钻具、配套"涡轮钻具+液动锤+绳索取心"三合一型投入式取心涡轮钻具及全金属常规涡轮钻具,并在大陆科学钻探、干热岩及油气勘探取心工程中进行了应用[15],不同结构形式的涡轮钻具样机如图3-9所示。

图 3-9　不同结构形式的涡轮钻具样机

目前,国产涡轮钻具规格型号相对完善,从 ϕ54 mm 至 ϕ311 mmm 不同级别可满足钻井工程中 ϕ63.5 mm 至 ϕ444.5 mm 不同井眼尺寸的需求,但综合性能和工作稳定性与国外同规格产品存在明显差距,并且减速涡轮钻具一直未取得质的突破[16-17]。

3.3.4　工作特性及性能特点

电动钻具、螺杆钻具、涡轮钻具作为钻井利器,在不同国家和地区逐渐成为主流钻井工具,用于钻井提速,有效节约了钻井工时、降低了作业成本。但因工作原理、驱动介质存在本质差别,上述井下动力钻具在结构特点及工作特性等方面也存在较大区别[8, 13, 18],三者主要工作特性如图3-10所示。表现出的差别在于:①钻具结构不变时,电动钻具、涡轮钻具工作转速与工作载荷有关,载荷越大转速越低,但涡轮钻具转速降幅比电动钻具的大;螺杆钻具工作转速只与钻井液排量有关。②钻井液排量不变时,螺杆钻具压降越大扭矩越高、功率也越高,而涡轮钻具功率、扭矩随转速而变化;③电动钻具、螺杆钻具的过载能力均比涡轮钻具要强。

结合上述3种井下动力钻具的结构特点、材质物化特性及工作介质等因素,分析电动钻具、螺杆钻具及涡轮钻具的性能特点,如表3-1所示。

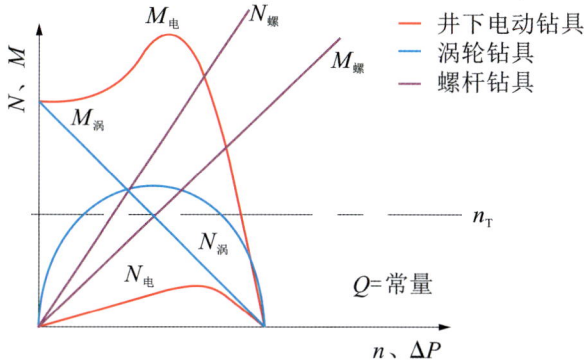

M—钻具输出扭矩，N·m；N—钻具输出功率，kW；Q—钻井液排量，L/s；

ΔP—压降，MPa；n—转速，r/min。

图 3-10　井下动力钻具工作特性对比

表 3-1　井下动力钻具性能特点对比

名称	优点	缺点
电动钻具	①对钻井循环介质无特殊要求；②高转速、过载能力强；③操作响应快、精度高，井下交互信息容量大、迅速	①单机长度长，结构复杂，对绝缘性、密闭性的要求高；②维修工作繁重且复杂，使用成本高
螺杆钻具	①长度短、零部件少、装配简便、利于检修；②低转速、大扭矩、工作可靠性强	①不耐高温、高压，对油基泥浆敏感；②存在横向振动
涡轮钻具	①温度承载范围宽，可耐高温、耐高压；②工作转速高，横向振动小	①扭矩小、压降高、无法过载；②检修工作繁重，使用成本高

3.4　井下动力钻具的发展方向

随着浅层资源的充分开发与开采，人们将能源资源的勘探目标向地下深部转移，但深井、超深井的钻井工程面临难钻地层多，长裸眼井段井壁稳定性差、井下高温、高压、高腐蚀工况影响恶劣等突出问题[19]。因此，井下动力钻具的发展方向必须适应当前新储层勘探开发的地质特点和开发特点和工作环境特点。

对于螺杆钻具，研制高性能材料用于提高钻具耐高温、耐油基和抗 H₂S 等性能，全金属螺杆是研究热点；优化马达线型提高输出扭矩、优化机械结构提高工作安全性、优化钻进参数形成地层适应性复合钻进技术体系提高井下寿命等措施，将确保螺杆钻具继续成为最经济的井下动力驱动钻井的利器。

涡轮钻具方面，应提升钻具设计与优化算法，从而提高效率、增大输出扭矩；应用创新材料，以提高叶轮抗冲蚀性及轴承副的耐磨性，延长井下工作寿命；完善产品系列，加快开发配套连续管作业技术的小尺寸涡轮钻具，提升高温高压井的定向井、欠平衡钻井、加深侧钻等的钻井能力，并使之成为深层资源勘探开发和井下复杂情况处理的利器；推动高效涡轮的创新应用，提升涡轮叶片设计核心技术水平，推动涡轮在井下发电、水力振荡器、举升泵、清管器等其他钻井装备与工具中的创新应用，促进行业发展。

电动钻具要达到与螺杆钻具、涡轮钻具同样成熟应用的程度还有诸多问题需解决，但作为钻井技术智能化发展中不可或缺的井下动力钻具，其在电能利用方面优势突出。当前，电动钻具正朝着无级调速、大容量双向通信、随钻测控等方向发展，或成为特殊井钻进的有力器具。

综上，井下动力钻具的发展一方面是通过新结构、新工艺、新材料等的创新应用来提高钻具性能，以满足深部钻井高功率、大扭矩的要求并配合钻头技术实现快速钻进，同时提高井下工作寿命；另一方面是从尺寸、结构形式、数据采集与传输等角度完善产品种类和系列，以配合随钻测量（MWD）、随钻测井（LWD）、连续油管技术、聚晶金刚石复合片钻头等新成果的应用，促进"一趟钻"、智能化导向钻井技术等向成熟化发展，让井下动力钻具也随着钻井技术的更新不断突破，保持此类钻井利器之刃的锋利。

参考文献

[1] 王建学，万建仓，沈慧.钻井工程[M].北京：石油工业出版社，2008.
[2] 王瑞和，倪红坚，周卫东.破岩钻井方法及高压水射流破岩机理研究[J].石油钻探技术，2003，31(5)：7-10.
[3] 易先忠，符达良.井下动力钻具的现状与我国的发展方向[J].国外油气科技，1993(2)：47-55.
[4] 孙志和.井下动力钻具旋转钻井技术[J].石油钻采工艺，2017，39(5)：528.

［5］ W.泰拉斯波尔斯基.井下液动钻具［M］.李克向，等译.北京：石油工业出版社，1991.

［6］ 王冠.常用井下动力钻具简析［J］.中国石油和化工标准与质量，2017，37（9）：128-129.

［7］ 刘春全，徐茂林，汤平汉.井下电动钻具的现状及发展［J］.钻采工艺，2008，31（5）：
115-117，124，172.

［8］ 王素玲.井下电动钻具的力学性能研究［D］.成都：西南石油大学，2017.

［9］ 申屠磊璇.井下电动钻具直驱永磁电机设计与优化［D］.武汉：华中科技大学，2019.

［10］ 曹林云，毕磊.井下动力钻具的现状与发展［J］.中国石油石化，2016（23）：89-90.

［11］ 邱自学，王璐璐，徐永和，等.页岩气钻井螺杆钻具的研究现状及发展趋势［J］.钻采工
艺，2019，42（2）：36-37，48，3.

［12］ 管锋，万锋，吴永胜，等.涡轮钻具研究现状［J］.石油机械，2021，49（10）：1-7.

［13］ 闫家，朱永宜，王稳石，等.松科2井涡轮钻取心钻进现场试验［J］.探矿工程（岩土钻
掘工程），2017，44（379）：217-220.

［14］ 卢芬芳，徐昉，申守庆.史密斯 Neyrfor 公司的新型涡轮钻具技术［J］.石油钻探技术，
2005，33（1）：65.

［15］ 闫家，王稳石，张恒春，等.松科2井带涡轮钻具取心钻进探索［J］.钻采工艺，2019，
42（1）：31-34，3.

［16］ 冯定，刘统亮，王健刚，等.国外涡轮钻具技术新进展［J］.石油机械，2020，
48（11）：1-9.

［17］ DVOYNIKOV M, SIDORKIN D I, KUNSHIN A A, et al. Development of hydraulic
turbodrills for deep well drilling［J］. Applied Sciences, 2021, 11（16）：7517.

［18］ 苏义脑.螺杆钻具的工作特性［J］.石油钻采工艺，1998，20（6）：11-15，67.

［19］ 尹浩，梁健，李宽，等.万米科学钻探关键机具优化措施研究［J］.钻探工程，2023，
50（4）：16-24.

4 液动潜孔锤

钻探是人类直接获取地下实物信息的唯一技术方法[1]，广泛服务于资源能源勘探开发、水文地质工程地质勘查、大陆大洋科学钻探等领域。根据破碎岩石的方法不同，通常分为机械碎岩法、物理碎岩法和化学碎岩法等[2]。物理碎岩法和化学碎岩法目前大多处于试验研究阶段，真正在生产实践中得到广泛应用的还是机械碎岩法。机械碎岩法根据钻头与地层的作用形式不同，又分为冲击钻进、回转钻进以及将上述两种方法结合在一起的冲击回转钻进。目前在生产实践中使用最多的还是回转钻进[图 4-1(a)]。

所谓冲击回转钻进，就是在回转钻进的基础上给钻头施加具有一定频率和能量的冲击载荷以提高钻进效率的钻进方法。施加冲击载荷的装置可以放在地面[图 4-1(b)]，也可以放在井下[图 4-1(c)]，但考虑到随孔深增加，能量损失也越来越大，通常将冲击载荷发生器放在井底，并连接在钻头或岩心管的上部，这种冲击载荷发生器称为潜孔锤，也叫潜孔冲击器。

潜孔锤是冲击回转钻进技术的核心，根据驱动潜孔锤的介质或方法不同，又可将冲击回转钻进分为液动冲击回转钻进、气动冲击回转钻进以及电动冲击回转钻进[3]，相应的驱动工具则分别称为液动潜孔锤(或液动冲击器，简称液动锤)、风动潜孔锤(或气动冲击器，简称气动锤)及电动潜孔锤(或电动冲击器)，目前受限于电池能量密度等因素，电动冲击器仅处于试验研究阶段。

与气动锤相比，使用液动锤钻进无需额外配套其他设备，基本不受背压影响，适合深孔钻进，目前的使用深度已达 5000 m 以深；而使用气动锤需额外配套可提供较大压力的空压机，加上地下水压力的影响，使用深度通常只有几百米，如果在更深井使用，则需要配套成套的空压站，要花费高昂的设备费和动力费。

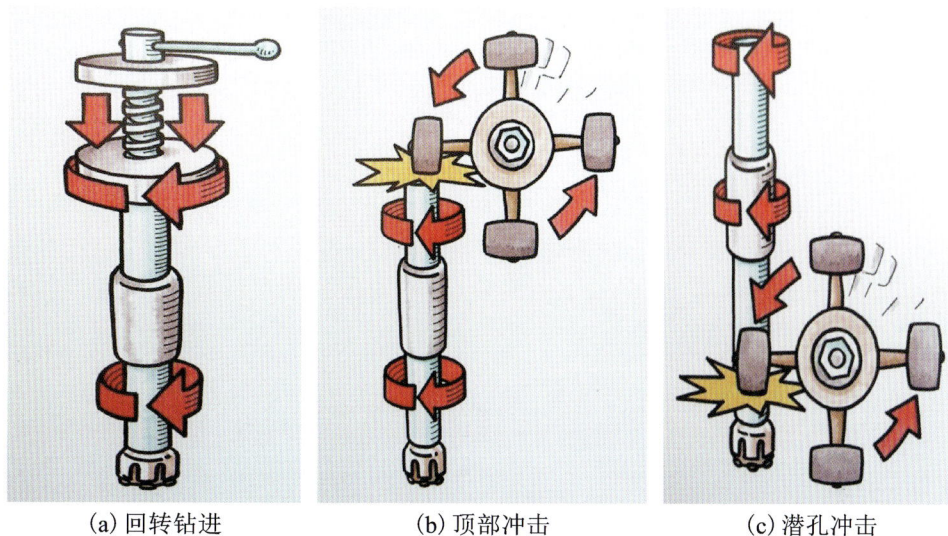

(a) 回转钻进　　　(b) 顶部冲击　　　(c) 潜孔冲击

图 4-1　回转钻进与冲击回转钻进示意图

4.1 液动潜孔锤的发展历程

4.1.1 国外发展历程

19 世纪 60 年代欧洲就已经开始了液动冲击回转钻进技术的研究，1887 年德国工程师沃·布什曼得到英国授予的液动冲击钻井法专利权，标志着液动冲击回转钻进技术诞生。1900—1905 年俄国工程师 B. 沃尔斯基在前人工作的基础上设计出几种用于石油钻井的液动潜孔锤，并进行了液动锤相关的理论研究工作。到 20 世纪 50 年代，苏联、美国、加拿大等国都研制出了自己的液动锤，但这些成果并未获得广泛的推广和应用[4]。

20 世纪 60 年代初，美国潘美石油公司(Pan American Petroleum Co.)成功研制出两种规格的液动锤并进行了一些钻井试验。同期苏联钻井技术研究院成功研制出 BBO-5A 型液动锤，搭配 145 mm 钻头在石油钻井中创下了 2200 m 的钻孔深度纪录。之后美国基本放弃了液动锤方面的研究，转而致力于气动锤的研究，并取得了一系列成果。苏联则继续坚持液动锤的研究，到 70 年代其用于

岩心钻探的 Г-7 型和 Г-9 型液动锤已比较成熟，基本代表了当时的国际最高水平，但由于是具有弹簧的正作用液动锤，存在寿命短、参数调整繁琐等缺点[5]。20 世纪 70 年代日本也进行了液动冲击钻进技术研究，利根公司成功研制出 WH-120N 型气液双作用液动锤。

4.1.2　国内发展历程

我国液动潜孔锤研究大致可分为 3 个阶段。

（1）起步研究阶段（20 世纪 50 年代末—60 年代）

国家"二五"时期钻探工作量大增，其中坚硬地层进尺占据一半，提高坚硬地层机械钻速成为突出问题。中国地质科学院勘探技术研究所（下面简称勘探技术研究所）最早于 1958 年开始进行液动潜孔锤研究，1964 年研制的 YZ-89 型液动潜孔锤在北京周口店进行试验，1966 年在湖南省地质局 408 队某多金属矿试用，最大钻孔深度为 430 m，试验进尺为 400 余 m，在 7~8 级岩石中钻速明显提高。

（2）蓬勃发展阶段（20 世纪 70—90 年代）

在这一时期，地质、冶金、石油等多行业的高校、科研院所及生产单位均投入到液动潜孔锤的研究中，代表性的研究成果有勘探技术研究所研制的 YZ 正作用系列、YS 双作用系列、YQ 复合作用系列以及 SSC 绳索取心液动锤系列，长春地质学院研制的 SC 系列射流式液动锤，冶金部探矿技术研究所研制的 TK-A 系列正作用液动锤，核工业华东地勘局 264 大队研制的 Ye-2 型双作用液动锤，河北省地质局综合研究地质大队研制的 ZF-56 型和 ZS-75 型液动锤，云南省地质局研制的 SX-54Ⅲ型射吸式液动锤等，这些成果都得到了一定的推广和应用[6-9]。

1982 年地质部还专门组织了液动潜孔锤选型会，确定勘探技术研究所的 YZ-54-Ⅱ型正作用液动锤、长春地质学院的 SC-56 型射流式液动锤、河北省地质局综合地质大队的 ZF-56 型正作用液动锤为部支持技术，并进行扩大研究和生产试验，以及多次举办液动冲击回转钻进技术培训班，相应技术产品迅速被施工单位认可，并在生产中取得了良好的应用效果。

（3）广泛应用阶段（20 世纪 90 年代后期至现在）

勘探技术研究所于 1997 年开始进行 YZX127 型液动锤的研究，提出了一种新型的双喷嘴复合结构，采用容积式工作原理，使液动锤能量利用率大幅度提高,可以输出较大的冲击功,为在生产中应用打下了良好基础[10]。长春地质学院则在其独创的射流式液动锤基础上继续深耕和优化,其研制的 KSC127 型射流式液动锤与勘探技术研究所的 YZX127 型液动锤一起在中国大陆科学钻探中得到成功应用,并成为该工程的特色技术。

勘探技术研究所在 YZX127 型液动锤的基础上进行多年的持续优化,形成了系列,目前 YZX 系列液动锤可覆盖 ϕ54~ϕ311 mm 口径范围,SYZX 系列绳索取心液动锤可覆盖 ϕ54~ϕ216 mm 口径范围,在地质、煤炭、冶金、核工业等多领域取得了广泛的应用,近年来累计推广 2600 余套,累计进尺超过 500 万 m,创造社会经济效益 2 亿元以上。

吉林大学在其射流式液动锤的基础上开展了大量仿真电算和理论研究,致力于开展高能射流式液动潜孔锤[11-14]。西安石油大学等单位在射吸式液动锤基础上开展了大量研究,但受限于钻具寿命无法与钻头寿命匹配,尚无法大规模推广应用。

4.2 液动潜孔锤有哪些优势

如前所述,液动潜孔锤是液动冲击回转钻进的核心机具,由泥浆泵输出的高压冲洗液驱动其内部的冲锤高频往复运动冲击铁砧,并将能量以冲击功的形式传递给钻头,加速碎岩。因此,采用液动潜孔锤具有以下优势。

4.2.1 钻进效率高

使用液动潜孔锤可以提高钻进效率,主要有以下几方面原因:首先,冲击载荷作用时间极短,岩石中的接触应力可在瞬间达到很大值,有利于岩石中裂隙扩展形成体积破碎,提高碎岩速度,另外产生冲击的同时钻头也一直承受轴向压力,改善了冲击功的传递条件,更加强了冲击效果;其次,高频冲击作用迫使岩石内部分子产生振荡,降低岩石强度的同时加剧了岩石疲劳破碎;最后,使用液动潜孔锤往往需要更大的冲洗液排量,高速冲洗液在冲刷岩石的同时也提高了孔底的清洗效果,减少了重复破碎。

4.2.2 钻孔质量好

采用液动潜孔锤钻进往往需要更小的钻压和转速,因而可以降低钻孔弯曲强度。如上所述，采用液动潜孔锤钻进可形成体积破碎，与纯回转钻进的旋转式连续切削相比，液动潜孔锤钻头切削刃上阻力差更小，减小了钻头产生的附加力矩。在钻进容易发生钻孔弯曲的软硬互层时，硬岩中应力集中程度更高，减小了钻头上的钻速差和倾倒力矩，降低了钻孔弯曲强度[15]。

4.2.3 回次进尺长

在取心钻进中，液动潜孔锤往往加在岩心管上部，在破碎地层进行取心钻进时，一旦发生岩心堵塞，液动潜孔锤产生的高频冲击可直接作用于岩心管上，达到解堵的效果，提高了回次进尺长度。

4.2.4 孔内事故少

与常规回转钻进相比，采用液动潜孔锤钻进需要较小的钻压和转速，以及较大的泵量，孔内冲洗得干净，管材磨损较小，大大降低了发生钻具折断、烧钻、埋钻、卡钻等孔内事故的风险。

4.2.5 施工成本低

采用液动潜孔锤钻进效率高、回次进尺长、纯钻进时间利用率高、施工周期短，相应消耗材料和人工投入就少，因而降低了施工成本。

4.3 液动潜孔锤有哪些种类

液动潜孔锤按结构原理不同，可分为单作用液动锤和双作用液动锤两大类，其中单作用液动锤又分为正作用液动锤和反作用液动锤，双作用液动锤往往被分为阀式双作用液动锤、射流式液动锤、射吸式液动锤以及复合式液动锤（所谓复合式，就是将前述3种作用原理中的2种或2种以上应用到一起的双作用液动锤），如图4-2所示。

在液动潜孔锤的发展过程中，为了更好地使其服务于取心钻进，研究人员开始将液动潜孔锤与绳索取心工艺相结合。将液动锤集成到绳索取心外总成中，便有了贯通式液动锤；将液动锤集成到绳索取心内管总成上，便有了绳索取心液动锤。此外，也有同时与绳索取心钻具和螺杆钻具、涡轮钻具等井底动力钻具集成的三合一组合钻具。

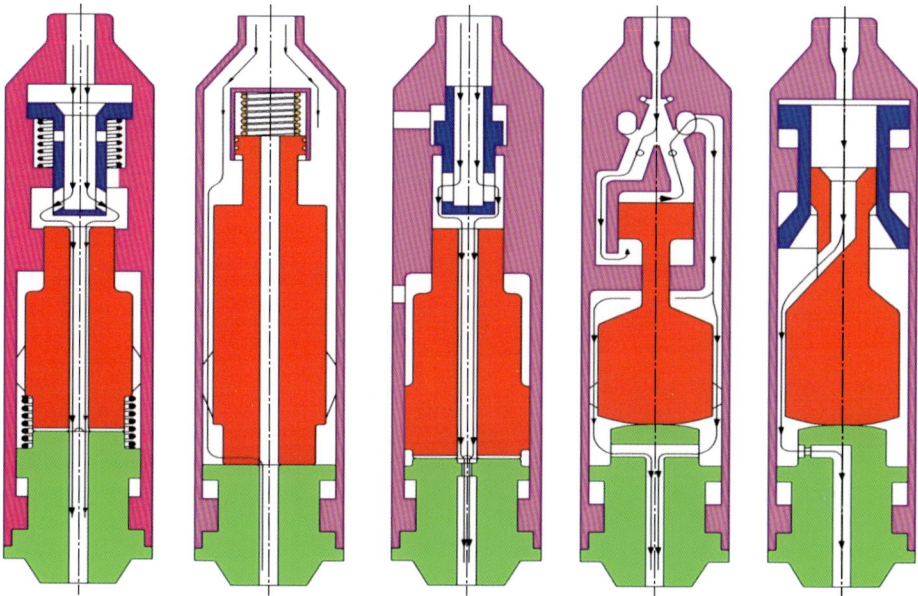

（a）正作用液动锤　（b）反作用液动锤　（c）双作用液动锤　（d）射流式液动锤　（e）射吸式液动锤

图 4-2　五种液动锤结构示意图

4.3.1　正作用液动锤

正作用液动锤的典型结构如图 4-2（a）所示，它是以液体压力推动冲锤下行冲击，并靠弹簧恢复原位，故称正作用。其主要优点是结构简单，可利用高压水锤作用获得较大的冲击能量；缺点是在冲击过程中需要压缩弹簧来储存抬锤能量，导致冲击功损失较大，但在设计中如果能有效利用水击能量，合理设计复位弹簧参数，依然可以获得较大冲击功。

4.3.2　反作用液动锤

反作用液动锤的典型结构如图 4-2（b）所示，与正作用液动锤相反，它是利用高压液体压力推动冲锤上行，并压缩弹簧储存能量，靠弹簧储存的能量下行冲击做功，故称反作用液动锤。与正作用液动锤类似，它的结构也比较简单，对冲洗液的适应能力也较强，加上可以利用冲锤的重力做功，可以获得较大的单次冲击功。

4.3.3　阀式双作用液动锤

阀式双作用液动锤的典型结构如图 4-2(c) 所示，射流式、射吸式等双作用液动锤的下行冲击与上行复位均是靠液体压力推动，故称双作用。由于冲锤的正反冲程均由液体压力推动，阀式双作用液动锤往往没有弹簧零件，这就在一定程度上延长了液动锤的工作寿命。

阀式双作用液动锤通常设有节流环，冲程末端随着水垫作用的增加，在一定程度上降低了冲击功，密封数量较多，工作性能比较稳定。

4.3.4　射流式液动锤

射流式液动锤的典型结构如图 4-2(d) 所示，其是由我国独创的一种液动锤，工作时以一个双稳射流元件控制高压液体交替进入液动锤缸体上、下工作腔，从而推动腔内的活塞往复运动，与活塞相连的冲锤随之运动并冲击铁砧。这种液动锤结构简单、零件少，特别是运动件少，只有一个活塞冲锤，并且可以通过调整射流元件的参数来调整液动锤的输出参数。由于没有弹簧、活阀等易损零件，其工作寿命较长，但射流元件受高压流体冲蚀较为严重，寿命也受到较大影响。由于其上下腔液体切换依靠的是射流元件的附壁作用，冲程末端未受水垫作用影响，可获得较大的末速度和冲击功，在高能液动锤研发中具有独特优势。

4.3.5　射吸式液动锤

射吸式液动锤的典型结构如图 4-2(e) 所示，其也是我国首创的一种液动锤，下部与阀式双作用液动锤类似，往往也需要设置一个节流环，上部则设有喷嘴，依靠喷嘴喷出的高速射流形成的卷吸作用降低上腔的压力，结合下部节流环的节流增压作用一起形成抬锤力。

射吸式液动锤结构简单、易损件少，双作用联合抬锤则降低了工作的启动压力，液体在工作腔内畅通性好，能适应更大的泵量，较为有效地解决了液动锤研究应用中往往需要面对的"小口径不够吃，大口径吃不下"的问题。

4.3.6 复合式液动锤

图 4-3 所示是一种将射吸式液动锤与阀式双作用液动锤的优点相结合的复合式液动锤。该液动锤结构简单，工作稳定，有效减少了密封数量，取消了节流环，提高了能量利用率和冲击功，没有弹簧等易损件，喷嘴中流体速度也较小，工作寿命长。该这种结构的液动锤目前广泛应用于地质钻探领域。

值得一提的是，这种结构的液动锤与射吸式液动锤均需要依靠活阀进行配流，可以算是阀式双作用液动锤的扩展与延伸。

图 4-3 复合式液动锤结构示意图

4.3.7 贯通式液动锤

贯通式液动锤的典型结构如图 4-4 所示，液动锤内部具有一条上下完全贯通的中空通道，在实际使用中往往与绳索取心钻进工艺相结合。贯通式液动锤作为外岩心管的一部分直接与钻头相连，绳索取心钻具的内管总成可由贯通式液动锤的中空通道通过并到达钻头内台阶上部。与下面要讲的绳索取心液动锤相比，其主要优势，一是液动锤的冲击功可直接传递给钻头，减少了冲击功在

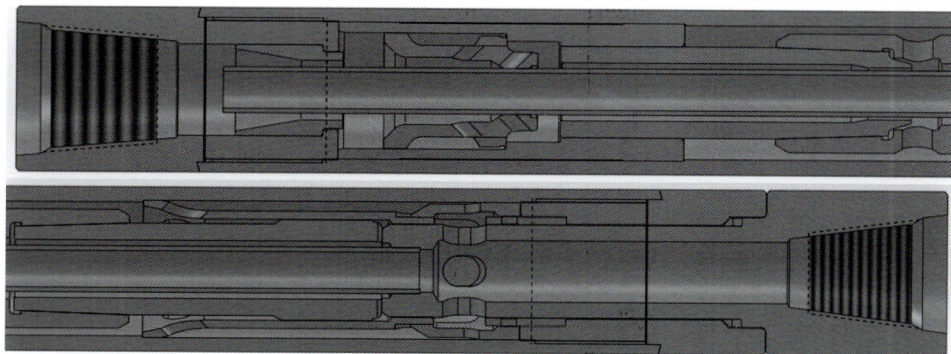

图 4-4 贯通式液动锤结构示意图

岩心管传递过程中的损失；二是液动锤的规格可以做得更大，从而能提供更大的冲击能量。限制其广泛推广应用的主要因素是其稳定性和寿命，一旦液动锤无法工作，往往需要提大钻进行更换，增加了辅助生产时间和劳动强度，降低了绳索取心工艺的优势。

4.3.8　绳索取心液动锤

绳索取心液动锤的典型结构如图 4-5 所示，其也是与绳索取心钻进工艺相结合的产物，兼有绳索取心钻进工艺取心时不需提大钻、纯钻时间长，以及液动锤工艺钻进效率高、岩心堵塞少的优越性。与贯通式液动锤不同的是，绳索取心液动锤是将液动锤集成到绳索取心钻具的内管总成中，这种工艺在地质岩心钻探领域应用非常广泛。与贯通式液动锤相比，其优点是液动锤集成在内管总成上，每次提取岩心时都有机会对液动锤进行检修和维护，减少了提大钻的风险。此外，位于内管总成上的液动锤产生的冲击功通过传动机构传递到外岩心管，最终传递给钻头来辅助碎岩，一旦发生岩心堵塞，传功机构脱开，冲击功将无法传递到钻头上，而是全部作用在内岩心管进行解堵，特别是在破碎地层，其能大幅度提高回次进尺，缩短辅助生产时间，深受一线工作者青睐。

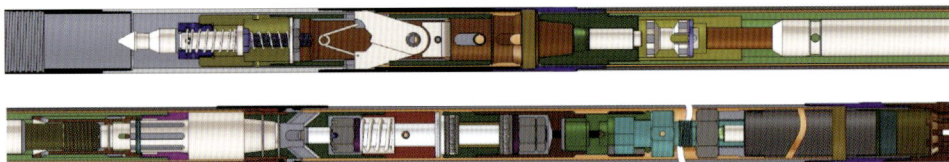

图 4-5　绳索取心液动锤结构示意图

4.3.9　三合一组合钻具

绳索取心+液动锤+螺杆马达三合一组合钻具结构如图 4-6 所示，在绳索取心液动锤的基础上，将螺杆钻具一起集成到内管总成上，从而集合了螺杆钻具不需全部钻柱回转或只需要低转速回转，扭矩损失少，钻柱风险低的优点。这种钻具因结构复杂、长度过长、成本高昂等原因并未在生产中得到大规模应用，比较适合在科学钻探中应用。

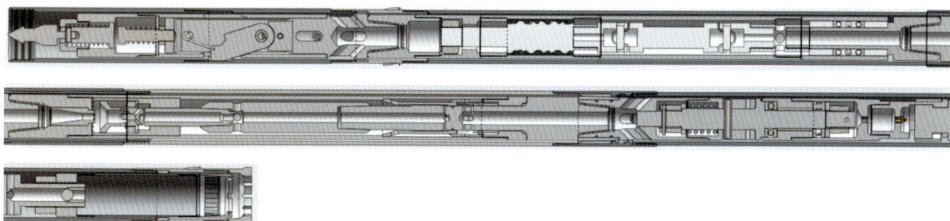

图 4-6　绳索取心+液动锤+螺杆马达三合一组合钻具结构示意图

4.4　液动潜孔锤的应用与展望

4.4.1　YZX127 型液动锤在中国大陆科学钻探中的应用[16]

中国大陆科学钻探(CCSD)工程是国家重大科学工程,YZX127 型液动潜孔锤通过在先导孔中的应用和改进,得到了一致认可,并在主孔施工过程中成为主要钻进方法。

在科钻一井主孔施工阶段,YZX127 型液动锤累计进尺 2937.45 m,平均效率达到 1.14 m/h,平均回次进尺 7.90 m,比不用液动锤分别提高了 228% 和 209%,大幅度缩短了工程施工工期,经济效益非常明显,同时创造了当时 5118.2 m 的使用井深世界纪录,成为我国大陆科学钻探的特色技术。

4.4.2　SYZX75 型绳索取心液动锤在岩金第一深钻中的应用[17]

中国岩金勘查第一深钻 ZK96-5 钻孔由山东黄金集团有限公司组织实施,山东省第三地质矿产勘查院负责施工。该孔施工中,钻遇地层破碎,岩心堵塞严重,回次进尺甚至只有 10~30 cm,频繁捞取内管致使辅助作业时间大幅增加。

采用 SYZX75 型绳索取心液动锤钻进后回次进尺长度大幅度增加,在破碎地层中效率可提高 200%,在地层相对完整后甚至可将内管加长到 4.3 m。同时,钻头寿命可延长 20 m 左右,钻进效率提高了 60% 左右,台月效率提高了 56% 左右。

绳索取心液动锤的使用深度也在该孔得到了进一步突破,该工艺在小口径岩心钻探领域的先进性和优越性得到了很好的展示,同时取得了良好的经济效益和社会效益。

4.4.3 YZX130 型液动锤在地热井中的应用

　　某房地产开发商在大连旅顺组织实施一口温泉地热井，设计井深 3000 m，完钻井径 152 mm。在施工过程中钻遇岩层坚硬，多为石英砂岩，岩石硬度在 7 级以上，研磨性强，进尺非常缓慢，钻头磨损很快，寿命较短。

　　对比使用 YZX130 型液动锤后近 600 m 进尺中采用不同工艺的钻进情况，采用回转工艺平均时效为 0.48 m/h，采用冲击回转工艺钻进平均时效为 0.92 m/h，钻进时效相对回转钻进提高了 92%。采用回转钻进钻头平均使用寿命为 28.32 m，采用冲击回转钻进钻头平均使用寿命为 60.38 m，钻头使用寿命相对回转钻进增加了 113%。

4.4.4 液动潜孔锤技术展望

　　液动潜孔锤目前在小口径岩心钻探领域应用广泛，且效益显著，特别是绳索取心液动锤钻进工艺深受生产单位好评。但由于其在使用中较普通绳索取心钻具复杂一些，在部分生产单位推广还存在困难。若要在更大范围内推广，还需要进一步简化结构，降低使用难度。

　　液动潜孔锤在工作排量上往往存在"小口径不够吃，大口径吃不下"的难题，在以后的研发中应进一步提高其泵量适应性，以适应不同工艺的钻进需求，促进液动锤技术的发展。

　　液动潜孔锤的工作寿命受冲洗液中固相含量影响较大，目前在小口径岩心钻探领域寿命可达数百小时，一方面是小口径岩心钻探使用无固相冲洗液越来越多，另一方面则是其泵量通常较小，受冲洗液冲蚀作用也较小。而在大口径钻井领域，全面钻进往往需要较大的冲洗液排量来携带岩屑，固相含量也多，对液动锤内部结构冲蚀得厉害，严重影响了其工作寿命，今后需要在这一方面开展更深入的研究。

　　要使液动潜孔锤在大口径钻探中推广应用，还需要进一步增大其输出冲击功，目前的大口径液动锤由于冲击功较小，普遍无法像气动锤一样与球齿钻头配合使用。

参考文献

[1] 吴海霞，蔡家品，沈立娜，等. 钻井利器的故事之"金刚石钻头"[J]. 钻探工程，2023，50(2)：155-158.

[2] 胥建华. 钻探工程概论[M]. 成都：成都地质学院. 1989

[3] 陆洪智，鄢泰宁，蒋国盛. 孔底电动冲击回转钻具的研制[J]. 煤田地质与勘探，2009(4)：72-73

[4] 菅志军，张文华，刘国辉，等. 石油钻井用液动冲击器研究现状及发展趋势[J]. 石油机械，2001，29(11)：43-46，62.

[5] А. Т. Киселев，И. Н. Крусир，韩军智. 地质勘探回转冲击钻进[J]. 国外铀矿地质，1984(1)：77-80.

[6] 向震泽. TK-56型正作用液动冲击器[J]. 地质与勘探，1983(6)：65-69.

[7] 华东地勘局二六四大队. Ye-2型冲击回转钻试验概况[J]. 放射性地质，1980(3)：266-268.

[8] 周延勋. 射吸式和阀式冲击器的对比试验[J]. 地质与勘探，1984(7)：67-69.

[9] 王人杰，苏长寿. 我国液动冲击回转钻探的回顾与展望[J]. 探矿工程(岩土钻掘工程)，1999(S1)：140-145.

[10] 谢文卫，苏长寿，宋爱志. 新型高冲击功液动潜孔锤的研究[J]. 探矿工程(岩土钻掘工程)，1998(6)：33-34.

[11] 李发东. KSC-127射流式液动锤在科钻一井中的应用分析[J]. 地质科技情报，2006(6)：107-111.

[12] 菅志军，殷琨，蒋荣庆，等. 增大液动射流式冲击器单次冲击功的试验研究[J]. 长春科技大学学报，2000(3)：303-306.

[13] 彭枧明. 射流式液动锤增设蓄能装置的数值分析与实验研究[D]. 长春：吉林大学，2004.

[14] 张鑫鑫. 高能射流式液动锤理论与实验研究[D]. 长春：吉林大学，2017.

[15] 殷琨，王茂森，彭枧明，等. 冲击回转钻进[M]. 北京：地质出版社，2010.

[16] 谢文卫. 大陆科学钻探液动锤深孔应用研究与实践[D]. 武汉：中国地质大学，2010.

[17] 董海燕. 绳索取心液动锤在中国岩金勘查第一深钻的应用和最新进展[J]. 探矿工程(岩土钻掘工程)，2013，40(10)：9-12.

5 保真取样钻具

5.1 天然气水合物保真取样技术的必要性

天然气水合物(natural gas hydrate)俗称"可燃冰""固体瓦斯"等,其特点是分布范围广、储量丰富、能量密度大和清洁高效[1]。科学家研究估算表明,世界海洋及陆域永久冻土区中天然气水合物的总量换算成甲烷气体高达 $2×10^{16}$ m^3,其含碳量相对值是迄今为止世界上所有已知石油、天然气、煤炭矿产等化石燃料含碳量相对值总和的 2 倍(见图 5-1)[2-3]。经过近几年的勘探,我国在南海发现了储量巨大的天然气水合物资源,并分别于 2017 年和 2020 年进行了两次试开采,取得了巨大的成功,第二次试采连续 30 天的产气量达到了 86.14 万 m^3[4]。

对于海底天然气水合物的调查研究,目前大多数是通过钻探船取样采集海底沉积物岩心的方式来分析判断是否有天然气水合物的存在,但是天然气水合物只能稳定存在于低温(一般≤10℃)、高压(一般≥3.8 MPa)环境中(图 5-2)[5]。当岩心赋存环境的温度或压力改变超过水合物临界温压条件时,其中含有的天然气水合物组分会全部或大部分分解,导致岩心结构和组分发生重大改变,不能反映海底地层的原貌,无法对水合物储层进行准确评价[6]。为了获取海底原始状态下的水合物岩心样品,许多科学家致力于研制一种天然气水合物保真取样器,也就是能够保持水合物原始状态下的温度和压力的取样器[7],通过这种新型取样器,可以将岩心在不改变温度和压力的条件下从海底获取到钻探船上,从而避免岩心中的水合物分解。形象地说,保真取样器就像是一个保鲜柜,将海底的岩心放入其中后在一定时间内岩心可以保持新鲜,不会发生变质。

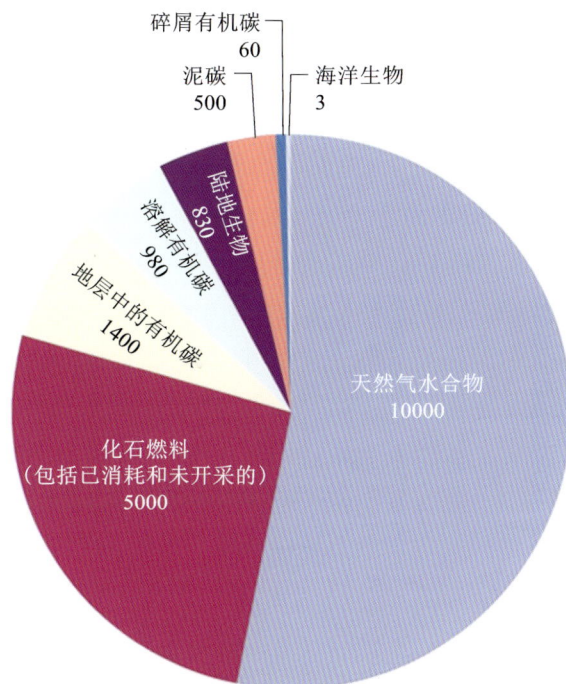

图 5-1 天然气水合物含碳量相对值与其他资源对比图

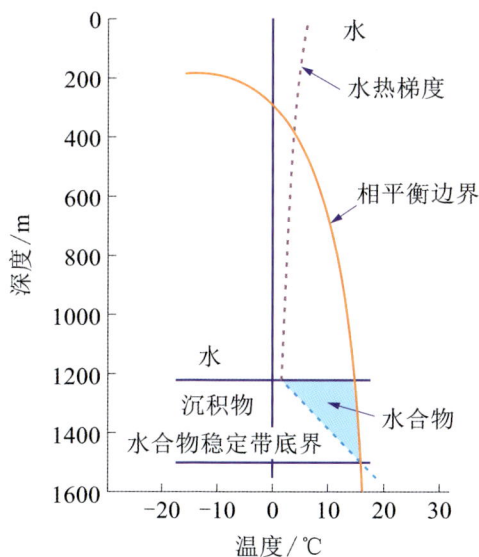

图 5-2 天然气水合物平衡曲线

5.2 保真取样技术从哪儿来

　　20 世纪 70 年代，为了获得天然气水合物原位实物样品，国际深海钻探计划（DSDP）和国际大洋钻探计划（ODP）先后开始研制天然气水合物保真取样器，前后历经十余年（发展历程见图 5-3）。1979 年，Hunt 首先提出天然气水合物保真取样器具的研制思路；1983 年，Kvenvolden 等研制出的一款保真取样器，由于球阀无法正常关闭而失败；1995 年，Jerald Dickinson 等成功研制出一款保真取心器，并应用于在美国东南部大西洋海域"布莱克海脊"ODP164 航次的钻探取样工作，取得了天然气水合物样品，首次实现了天然气水合物稳定带与深海岩心样品的一体化验证，实现了静态描述布莱克海脊天然气水合物储层的目标，由于其取样成果解决了重大地质难题，该型取样器的相关成果于 1997 年被 *Nature* 登载，这就是现在被广泛认可的天然气水合物保压取心器（PCS）及其后来改进的保压保温取心器（PTCS）的最初型号[8-9]；1995 年日本石油公司委托美国 Auman & Associates 开始研制保温保压取样钻具（PTCS），并在 2004 年进行了技术升级；1997 年欧盟科学和技术计划研制了保真取样系统 HYACE——冲击式取样器（FPC）和旋转取样器（HRC），并与保压转移系统对接。目前，国外使用的主要有国际深海钻探计划（DSDP）采用的 PCB 取样器[10]、国际大洋钻探计划（ODP）采用的 PCS 取样器[11]、荷兰辉固公司的保真

图 5-3　保真取样钻具研究发展历程

取样器(FPC、HRC)[12]以及日本联合美国Aumann & Associates 研制的保温保压钻具（PTCS）[13]。

5.3　保真取样钻具如何工作

保真取样是将岩心在原位条件下回收至地表或海面的唯一方法，对岩心的扰动降低到了最低程度，因而有利于进行全面的定性或定量分析。那么保真取样钻具又是怎样工作的呢？首先在工作之前将氮气蓄能器的压力设定为取心处预期井底压力的75%～80%，在取样过程中用于调节岩心管内的压力变化；接着通过取心钢丝绳将取样钻具投放到钻杆内孔中，钻具自由落体到位后自动锁定，然后利用冲压、活塞或旋转的方式获得岩心；取得沉积物岩心后，由钻杆内孔下入打捞器以抓住岩心筒；通过上提或投球等一系列操作，促使岩心筒向上回收，并使保压阀关闭，实现保压密封，最后通过绞车将保真取样钻具回收到钻探船上，见图5-4。

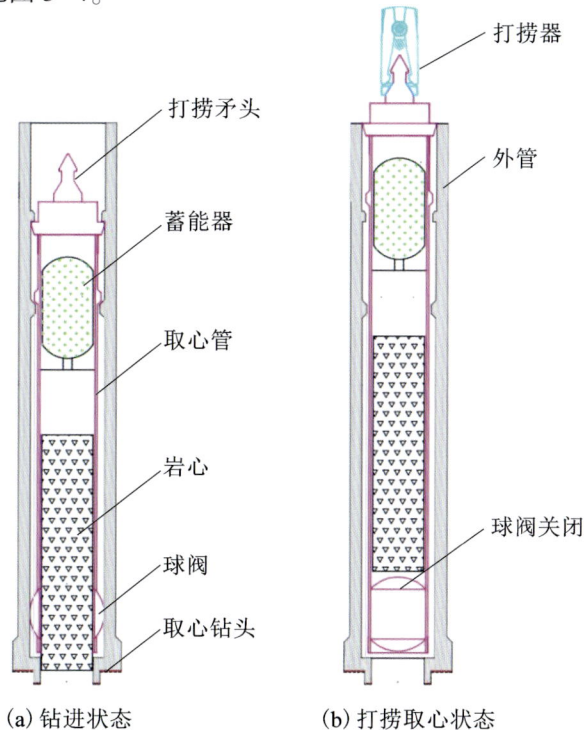

（a）钻进状态　　　　　（b）打捞取心状态

图5-4　保真取样钻具取样过程示意图

5.4　我国保真取样技术的现状及未来

　　我国开展天然气水合物的研究起步比较晚，开始于 20 世纪 80 年代，相关的研究也落后于美国、日本等发达国家。近些年来，随着全球能源问题的日趋紧张和对海洋资源开发的高度重视，我国不断加大对海底天然气水合物勘探开发的力度，在海底天然气水合物保真取样器的研究方面也取得了很大的进展。2000 年我国正式启动 "863" 计划海洋技术领域重大项目研究，其中包括天然气水合物重力活塞式保真取样器研制和天然气水合物钻探取心技术研发。目前国内已研制出的天然气水合物保真取样器中，比较具有代表性的有浙江大学研制的重力式活塞取样器[14]、中国地质科学院勘探技术研究所研制的绳索打捞保温保压取心钻具[15] 以及北京探矿工程研究所研制的保温保压取样钻具[16]。

　　中国地质科学院勘探技术研究所作为最早研究保真取样钻具的单位之一，在"十五"期间，承担了国家"863"计划"天然气水合物探测技术"项目的子课题"天然气水合物保真取心钻具的研制"，开发出了一种新型的保温保压取心钻具，在钻具的电子主动制冷保温及隔热层被动保温、球阀关闭保压和蓄能器补偿保压等方面都进行了研究和探索，试制出了钻具样机，进行了室内及陆地取心钻进试验，并在井深 700 m 成功取出了岩心。室内及陆地钻进试验证明，钻具在球阀关闭保压及保温方面都取得了成功，最大压力可保持 21 MPa。之后在地质调查项目"祁连山冻土区天然气水合物资源勘查""陆域冻土区天然气水合物钻采技术方法集成"以及"海域天然气水合物保压取心钻具研发"等项目的相继支持下，中国地质科学院勘探技术研究所又开展了多轮的保真取样钻具研制（图 5-5），并利用钻探船采用无隔水管的钻井方式获取岩心，在保压阀关闭可靠性、取心质量方面取得了突破性进展[17-18]，并于 2020 年 1 月 12—16 日在渤海某海域进行了取样试验（见图 5-6），通过超前取样获得了高品质的低扰动岩心，保压成功率达到了 100%，最大保压能力为 30 MPa，岩心直径为 50 mm。

　　目前国内已经研发了多种型号的保真取样钻具，并且在工程样机试验中取得了满意的效果，其基本技术参数也能够满足国内天然气水合物的勘查取样需求，但由于海域天然气水合物钻井是一个链条化的作业体系，不仅需要利用保真取样钻具进行原位保真取样，还需要在获取岩心后对其进行保压转移、切割，然后在实验室开展相关的物化参数与工程力学性能试验、测试，而目前国

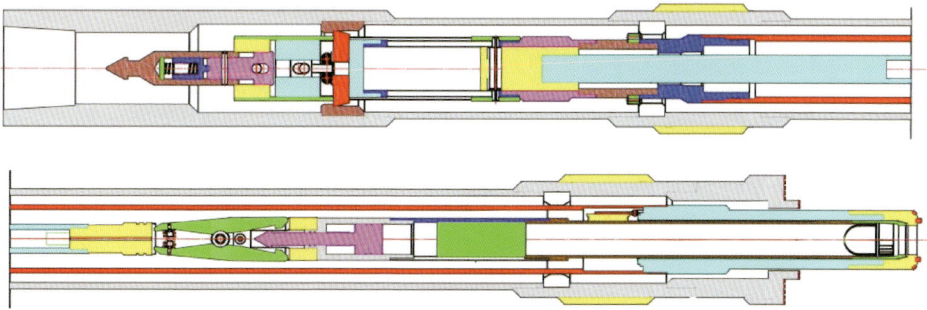

图 5-5　中国地质科学院勘探技术研究所研制的绳索保压取样钻具结构示意图

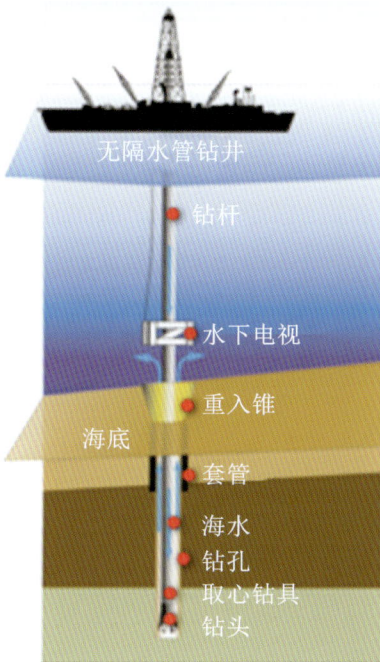

图 5-6　保压取样钻具作业方式及海上试验

内在这方面的研究还不是很成熟，导致保压真取样钻具在获取岩心后无法开展更深入的研究，严重妨碍了其工程化应用[19-20]。因此，在优化完善保真取样钻具技术性能的同时，还应积极推动保压转移装置和配套实验设备的研发和推广应用，形成保真取样—保压测试一体化的作业链条，力争早日实现海域天然气水合物勘查取样的国产化操作。

此外，随着页岩气、煤层气等非常规油气勘探及原位地应力研究的不断深入，地质学家对获取地下深层次原位保真岩心的要求也越来越高，保真取样器具不仅能够在天然气水合物资源调查评价过程中获得地质学家所要求的原始状态的水合物岩心样品，而且可为其他能源勘探、地质调查及地球科学探测提供精准的资料。

参考文献

［1］叶建良，殷珉，蒋国盛，等.天然气水合物勘探技术综述［J］.探矿工程（岩土钻掘工程），2003（4）：43-46.

［2］朱黄超，陈家旺，刘芳兰，等.海底天然气水合物取样器冷却技术研究现状［J］.探矿工程（岩土钻掘工程），2017，44（12）：59-65.

［3］吴时国，王秀娟，陈端新，等.天然气水合物地质概论［M］.北京：科学出版社，2016.

［4］操秀英.试采创纪录　我国率先实现水平井钻采深海"可燃冰"［N］.科技日报，2020-03-27（2）.

［5］蒋国盛，王达，汤凤林，等.天然气水合物的勘探与开发［M］.武汉：中国地质大学出版社，2002.

［6］赵建国.天然气水合物孔底冷冻绳索取心钻具的设计与室内冷冻试验的研究［D］.长春：吉林大学，2010.

［7］汤凤林，张时忠，蒋国盛，等.天然气水合物钻探取样技术介绍［J］.地质科技情报，2002，21（2）：97-99，104.

［8］中国大洋钻探学术委员会.中国加入国际大洋钻探计划的5年总结（1998—2002）［J］.地球科学进展，2003，18（5）：656-661.

［9］郭威.天然气水合物孔底冷冻取样方法的室内试验及传热数值模拟研究［D］.长春：吉林大学，2007.

［10］许红，吴河勇，徐俊禄，等.区别于DSDP-ODP的深海保压保温天然气水合物钻探取心技术［J］.海洋地质动态，2003，19（6）：24-27.

［11］D'HONDT S L，JORGENSEN B B，MILLER D J，et al. Proceedings of the ocean drilling program［R］. Galveston：Texas A & M University，2003.

［12］SCHULTHEISS P J，HOLLAND M E，HUMPHREY G D. Wire-line coring and analysis under pressure：recent use and future developments of the HYACINTH system［J］. Scientific Drilling，2009（7）：44-50.

［13］ABEGG F，HOHNBERG H J，PAPE T，et al. Development and application of pressure-core sampling systems for the investigation of gas and gas-hydrate-bearing sediments[J]. Deep Sea Research Part I：Oceanographic Research Papers，2008，55(11)：1590-1599.

[14] 李世伦，程毅，秦华伟，等.重力活塞式天然气水合物保真取样器的研制[J].浙江大学学报(工学版)，2006，40(5)：888-892.

[15] 张永勤，孙建华，赵海涛.天然气水合物保真取样钻具的试验研究[J].探矿工程(岩土钻掘工程)，2007，34(9)：62-65.

[16] 蔡家品，赵义，阮海龙，等.海洋保温保压取样钻具的研制[J].探矿工程(岩土钻掘工程)，2016，43(2)：60-63.

[17] 李小洋，王汉宝，张永勤，等.海洋天然气水合物探测及取样钻具研制[J].探矿工程(岩土钻掘工程)，2018，45(10)：47-51.

[18] 李小洋，王汉宝，尹浩，等.一种绳索打捞式保压取心钻具[P].2016，中国，CN201611157552.9.

[19] 朱海燕，刘清友，王国荣，等.天然气水合物取样装置的研究现状及进展[J].天然气工业，2009，29(6)：63-67.

[20] 邵明娟，张炜.天然气水合物保压岩心相关技术研发与应用进展(一)[Z].北京：中国地质图书馆·中国地质调查局地学文献中心，2017：62-114.

6 "慧磁"高精度定向中靶导向系统

太空中两个航天器实现轨道交会对接的过程,可谓是"万里穿针"才实现的"惊天一吻"。殊不知上天不易入地更难,在地下数百米甚至数千米的岩石中,也存在着一种"穿针引线"的技术——钻井导向技术。该技术可以使井眼轨迹沿着预先设计的井斜和方位钻达目的层,从而保证因地面或地下条件受到限制的矿产资源得到经济、有效的开发,并可大幅增加单井资源产量,以及对井下事故实施救援等。

钻井导向技术按照技术分类可以分为旋转导向、地质导向、岩心定向取心钻探及磁导向钻井等技术。其中旋转导向技术是井下钻具在旋转钻进时,随钻实时完成导向功能的一种导向式钻井系统,是20世纪90年代以来一种具有高科技含量的自动化钻井新技术[1-2];地质导向技术是一种实时测得钻头处的地质数据、井斜数据,从而及时调整井眼轨迹的测量控制技术,可有效提升矿层钻遇率[3-4]。两者相比,前者是通过工程手段实现地质目标,后者是根据地质资料追踪储层。岩心定向取心钻探技术则是通过定向取心工具来实现钻探目标的一种特殊取心技术,与常规取心技术相比,它能够获得地层裂缝的倾角、倾向等众多地层要素[5-6]。

磁导向钻井技术是本故事的主角,它能够利用磁性导向仪器测量人工旋转信号源而获得钻头位置的距离和方位信息,引导钻头像"贪吃蛇"一样,在矿层中不断游弋穿梭,准确"吃"到一个个"靶点"而构成对接井组,是现有钻井导向技术的有效补充。当前该技术广泛应用在盐、天然碱、芒硝等可溶性矿产和煤层气资源的开采中。磁导向钻井技术的成功实施离不开井下钻井导航系统。下面我们带大家认识一下地下"穿针引线"导航利器的优秀代表——"慧磁"高精度定向中靶导向系统(以下简称"慧磁"系统)。

6.1 为什么要给"贪吃蛇"装上导航系统

早期的盐卤井多采用自然溶通或地层压裂连通的方式开采,存在产量低、成本高、连通率低、容易破坏地层等问题,因此定向对接井开采工艺应运而生[7]。定向对接井开采技术的核心是利用先进的钻井和测井技术使地面相隔一定距离的两口井或多口井在地下几百米甚至几千米深处实现对接连通,形成开采通道,向其中一口井注入淡水,从其余井采出高浓度卤水[8](图6-1)。定向对接井通过增大开采面积,可有效地提高可溶性固体矿产或可溢出性气体矿产的产出效率,如今已广泛应用在天然碱、芒硝、盐等可溶性矿产和煤层气的开采中[9-13]。

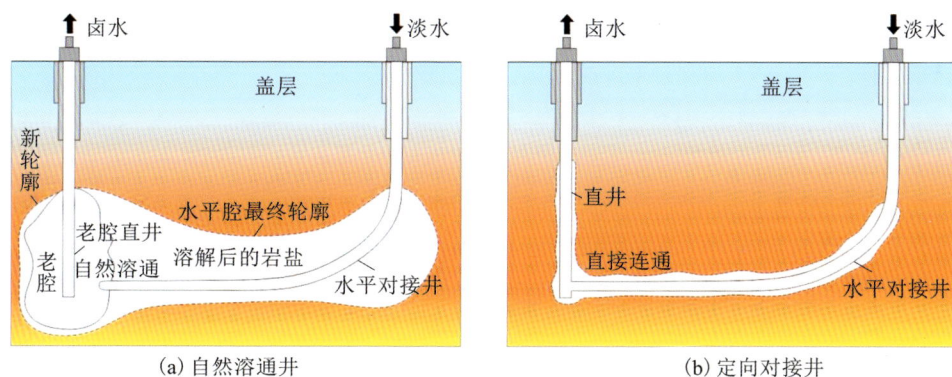

图6-1 自然溶通井和定向对接井对比图

定向对接井开采工艺的核心在于井下连通,自MWD随钻测量系统、陀螺测斜仪等仪器问世后,钻井导向技术取得了突破性的进展,但在建立水平通道时因MWD随钻测量技术本身存在测量误差的固有缺陷[14],随着井深的增加,产生的累计偏差越来越大,故靶区小于5 m的对接工程,通常面临连通率偏低的问题[15],所以需要给这只近视"贪吃蛇"装上钻井导航系统,引导它精准"吃"到靶点(图6-2)。

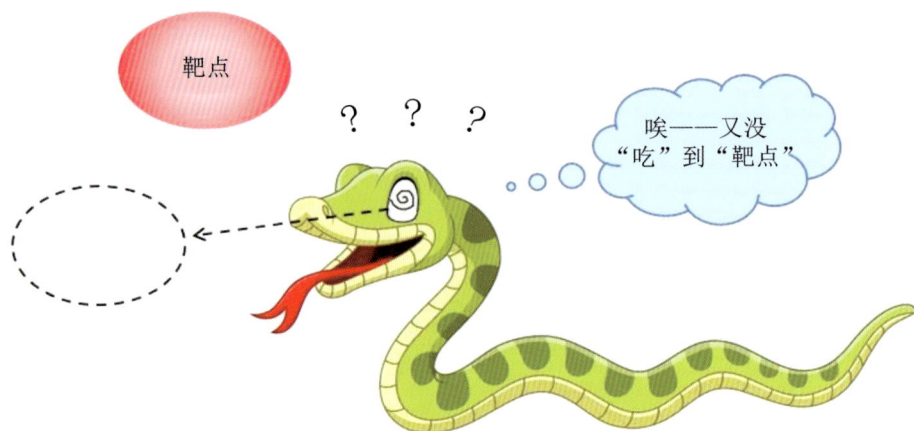

图 6-2 缺失导航系统的"贪吃蛇"

6.2 "慧磁"的前世今生

磁导向钻井技术最早可追溯到 1980 年, C. L. West 及 A. F. Kuckes 等研发的扩大侧向电导率(extended lateral range electrical conductivity, ELREC)工具, 最初用于引导救援井与事故井连通[16-17]。1985 年美国 A. F. Kuckes 等成立了 Vector Magnetics 公司, 磁导向技术开始快速发展, 1990 年该公司申请了单线制导(single wire guidance, SWG)工具专利, 并将其应用于定向井邻井防碰中[18-19]。1993 年, Vector Magnetics 公司和 Sperry Sun Drilling Services 公司合作, 研发了磁导向工具(magnetic guidance tool, MGT), 并将其首次成功应用于 SAGD 双水平井磁导向钻井中[20-21]。2001 年 A. G. Nekut 等研发了旋转磁场测距导向系统(rotating magnet ranging system, RMRS), 并成功将该仪器应用到煤层气水平对接钻井中[22]。2006 年中国地质科学院勘探技术研究所实施土耳其安卡拉 BEYPAZARI 的天然碱项目时, 因天然碱的可溶性差及当地天然碱矿层较薄, 靶区很小, 中靶难度极大, 当时的对接技术水平仅有 20%的中靶率。面对严峻的生产压力和棘手的技术难题, 中国地质科学院勘探技术研究所不得不引进美国 Vector Magnetics 公司的 RMRS 测距仪器解决当时繁重的中靶任务。

面对当时国外旋转磁导向系统只租不售的要求和高昂的租赁费用, 为了打破受制于人的局面，2007 年底，中国地质科学院勘探技术研究所技术团队立项研发了具有自主知识产权的高精度钻井地下导航对接技术，为这只"贪吃蛇"装上了中国人自己的"导航"系统。历经两年的实验室建模及地面模拟试验研究，勘探技术研究所团队自主研发的首台人工磁导航系统终于于 2009 年 10 月问世，并被命名为"慧磁"（SmartMag），同年在土耳其 BEYPAZARI 天然碱项目中成功实现一次性对接连通（图 6-3）。该技术成果一举打破了西方国家同类产品的技术封锁和垄断，使中国地质科学院勘探技术研究所成为国内首家、继美国 Vector Magnetics 公司后世界上第二家真正掌握该技术的单位。为进一步提高"慧磁"系统的测量距离和测量精度，拓展测量模式，之后相继升级开发出了第二代、第三代、第四代及第五代产品。

图 6-3　2009 年"慧磁"系统第一台样机对接连通成功

6.3　"慧磁"是如何引导"贪吃蛇"的

"慧磁"的系统结构分为硬件和软件两个部分。其中硬件由旋转磁信标、入井探管、地面机组成（图 6-4）；软件为磁场信号采集与解析程序、结果分析程序和加密程序所组成的数据软件包[23]（图 6-5）。

图6-4 "慧磁"高精度定向中靶导向系统的硬件组成

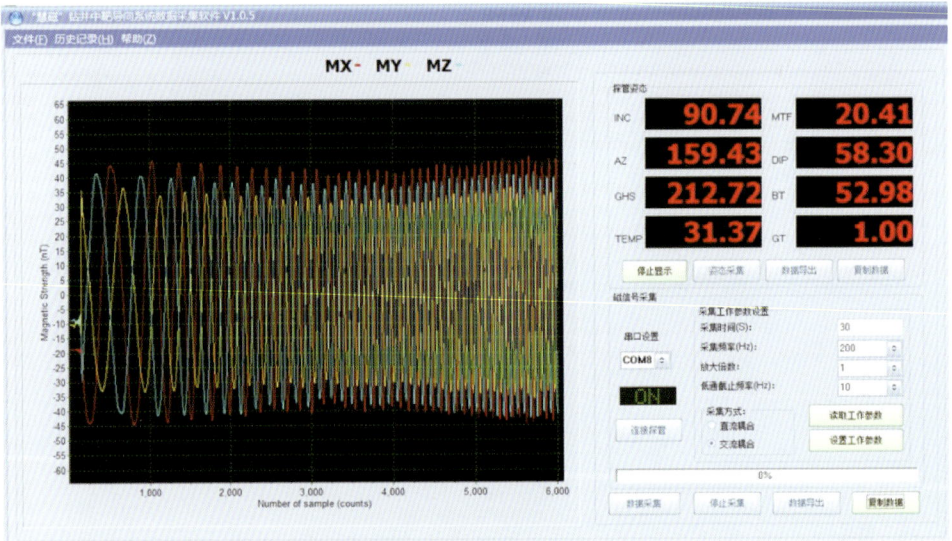

图6-5 "慧磁"高精度定向中靶导向系统的软件界面

与传统导航技术不同的是，"慧磁"系统是以旋转磁信标产生的人工磁场作为参照物的[24]，使用时将旋转磁信标安装在钻头和螺杆马达之间，在泥浆马达驱动下，磁信标和钻头一起旋转营造出人工旋转磁场，"慧磁"探管由测井绞车下放至目标井靶点位置，当磁信标进入"慧磁"系统的测量范围内时，置于靶井中的"慧磁"探管开始采集旋转磁信标发出的磁信号，并通过电缆将数据传输到地面，然后利用软件解析出磁信标与靶点两者之间的空间位置关系[25-26]，定向工程师根据获得的空间偏差数据及时调整钻进方向，引导钻头逐步靠近靶点，最终实现中靶连通(图6-6)。

图6-6 "慧磁"高精度定向中靶导向系统工作原理

6.4 "慧磁"任重道远

"慧磁"系统自2009年成功连通第一组井以来，在国内外一系列水溶采矿水平对接井施工中得到了大规模应用，累计已成功完成500余井次的高精度中靶对接作业[27-28]。随着应用领域不断扩展，其近年来又先后在祁连山陆域天然气水合物试采对接水平井和神狐海域天然气水合物第二次试采中得到应用[29-30]。与此同时，"慧磁"系统技术水平也在不断提升，测量精度已从"分米级"提高到"厘米级"，完全能够实现超高精度中靶，未来将在深海钻探工程地下井工厂的建设中进一步大放异彩。

中国地质科学院勘探技术研究所研发团队将不断创新、精益求精，为了让游弋穿梭的"贪吃蛇"始终在矿层内"百步穿杨"，并能充分结合地质参数和空间位置参数调整优化井轨迹，实现在矿层内的精准对接连通，"慧磁"系统未来将更加紧密结合地质导向等技术，确保一次连通率和矿层钻遇率，既要打得准，又要打得快，还要打得好。未来，"慧磁"系统将朝着测距更远、精度更高、抗干扰能力更强的方向不断努力，用优良的仪器和精湛的技术为国内外矿产资源的勘探与开发服务。

参考文献

[1] 薛启龙，丁青山，黄蕾蕾. 旋转导向钻井技术最新进展及发展趋势[J]. 石油机械，2013，41(7)：1-6.

[2] 雷静，杨甘生，梁涛，等. 国内外旋转导向钻井系统导向原理[J]. 探矿工程(岩土钻掘工程)，2012，39(9)：53-58.

[3] 梁斌，任瑞川，程琦，等. 水平井地质导向关键技术研究及应用[J]. 录井工程，2021，32(4)：37-42.

[4] 林昕，苑仁国，韩雪银，等. 地质导向钻井轨迹控制技术研究[J]. 钻采工艺，2021，44(2)：5-8.

[5] 林志强，杨甘生，张建，等. 定向取心技术在松科1井中的应用[J]. 探矿工程(岩土钻掘工程)，2007(10)：69-71.

[6] 董晨晨. 定向取心技术研究[D]. 大庆：东北石油大学，2017.

[7] 胡汉月. 对接井中靶利器——浅谈近靶点测量技术的发展与应用[J]. 中国井矿盐，2007，38(4)：27-31.

[8] 胡汉月. 钻孔地下的"导航"神技——高精度对接连通井技术的奥秘[J]. 国土资源科普与文化，2016(2)：10-16.

[9] 刘志强. 土耳其天然碱矿对接井技术应用[J]. 中国井矿盐，2011，42(5)：12-16.

[10] 洪常久. 水平对接井技术在天然碱矿中的应用[J]. 煤炭技术，2008，27(6)：142-143.

[11] 戴鑫，苏如海，马建杰，等. 芒硝水平连通井组开采工艺研究[J]. 中国井矿盐，2012，43(4)：22-24，30.

[12] 陈霄. 浅析水平对接井技术在盐井中的应用[J]. 中国井矿盐，2012，43(3)：14-16.

[13] 高德利，刁斌斌. 复杂结构井磁导向钻井技术进展[J]. 石油钻探技术，2016，44(5)：1-9.

[14] 贺德军，粟俊，何建文. 磁定位测量技术在定向对接钻井施工的应用探析[J]. 中国井

矿盐,2015,46(1):14-18.

[15] 商敬秋,武程亮,刘汪威,等.无建槽直井的定向中靶作业[J].探矿工程(岩土钻掘工程),2014,41(1):13-16.

[16] WEST C L, KUCKES A F, RITCH H J. Successful ELREC logging for casing proximity in an offshore Louisiana blowout[R]. SPE 11996, 1983.

[17] KUCKES A F. Plural sensor magnetometer arrangement for extended lateral range electrical conductivity logging:US4323848[P]. 1982-04-06.

[18] TARR B A, KUCKES A F, AC M V. Use of new ranging tool to position a vertical well adjacent to a horizontal well[R]. SPE 20446, 1990.

[19] MALLARY C R, WILLIAMSON H S, PITZER R, et al. Collision avoidance using a single wire magnetic ranging technique at Milne point, Alaska[R]. SPE 39389, 1998.

[20] KUCKES A F. Method and apparatus for measuring distance and direction by movable magnetic field source:US5485089[P]. 1996-01-16.

[21] KUCKES A F, HAY R T, McMAHON J, et al. New electromagnetic surveying/ranging method for drilling parallel horizontal twin wells[R]. SPE 27466, 1996.

[22] RACH N M. New rotating magnet ranging systems useful in oil sands, CBM developments[J]. Oil & Gas Journal, 2004, 102(8):47-49.

[23] 胡汉月,向军文,陈剑垚."慧磁"SmartMag 钻井中靶导向系统加强性工业试验研究[J].中国井矿盐,2011,42(3):12-15.

[24] 胡汉月,向军文,刘海翔,等. SmartMag 定向中靶系统工业试验研究[J].探矿工程(岩土钻掘工程),2010,37(4):6-10.

[25] 向军文,胡汉月.国产定向对接井精确中靶技术在盐矿中的应用[J].中国井矿盐,2010,41(5):16-18.

[26] 陈剑垚,胡汉月. SmartMag 定向钻进高精度中靶系统及其应用[J].探矿工程(岩土钻掘工程),2011,38(4):10-12.

[27] 刘海翔,刘春生,胡汉月,等.土耳其天然碱矿水平对接井水溶开采技术回顾[J].探矿工程(岩土钻掘工程),2020,47(8):7-13.

[28] 张新刚,涂运中,刘汪威,等.多分支水平对接井技术在土耳其天然碱溶采中的应用[J].探矿工程(岩土钻掘工程),2020,47(8):43-49.

[29] 李鑫森,张永勤,尹浩,等.水平对接井钻井技术在天然气水合物试采中的应用[J].探矿工程(岩土钻掘工程),2017,44(8):13-17.

[30] 叶建良,秦绪文,谢文卫,等.中国南海天然气水合物第二次试采主要进展[J].中国地质,2020,47(3):557-568.

7   金刚石钻头

在钻探过程中，钻头永远处于前沿和核心位置，因为钻探的本质就是按一定的工艺方法破碎岩石，其他钻探技术，如信息、控制、泥浆等都是为破岩服务的[1]。近年来我国资源勘探已由浅部、中深部向深部发展，孔深由几百米增加至数千米，同时启动了地球深部探测计划[2-4]。在钻探事业的快速发展中，钻头发挥了非常重要的作用。

俗话说，"没有金刚钻，别揽瓷器活"。这句俗语是从一门叫作"锔"的老手艺得来的。以前人们会把破了的碗、坛子、盆等瓷器制品找个锔匠修补后接着用，由于瓷器比较硬，锔匠修补的时候要用专门的"金刚钻"才行，时间久了就有了这句话。今天我们就来聊聊钻探中的"金刚钻"——金刚石钻头。

7.1   什么叫金刚石钻头

钻头是用来在实体材料上钻削出通孔或盲孔的刀具，通常大家熟悉的是麻花钻[图7-1(a)]，而在钻探行业中，钻头是破碎孔底岩石的专用工具，其中金刚石钻头[图7-1(b)]是以锋利、耐磨和能够自锐的天然金刚石或人造金刚石作为切削齿的[5-6]。

世界上深部油气勘探最深已达到万米，深部科学钻探最深更是超过12 km[1]。已完井的松科2井井深7018 m，是亚洲国家实施的最深大陆科学钻井[7]。深部钻探面临的关键问题包括"三高"（高温、高压、高地应力）复杂工况、施工周期长、井壁稳定性差、井斜、取心困难等。据估算，13000 m 的钻井井底温度将超过300 ℃，泥浆液柱静压力为143~156 MPa（泥浆密度为 1.1~1.2 g/cm³ 时），且随着井深加大，地应力增高，取心钻进过程中会出现明显的岩

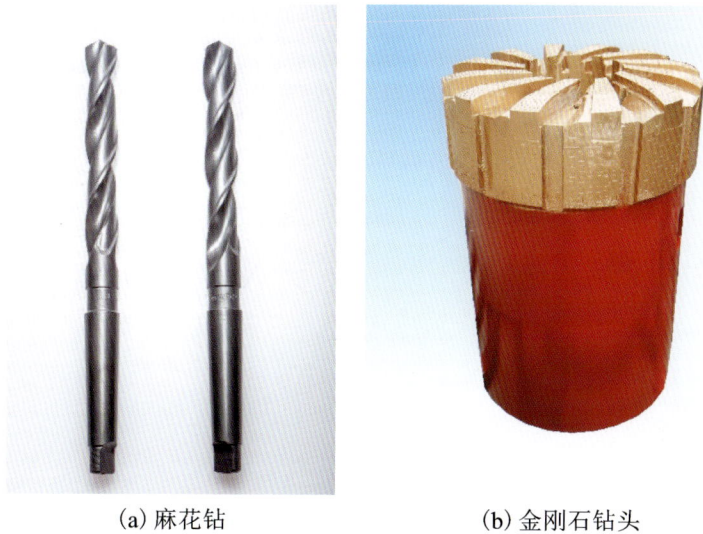

(a) 麻花钻　　　　　(b) 金刚石钻头

图 7-1　麻花钻和金刚石钻头对比图

心片化现象[4]。上述问题对钻探工具提出了新的要求。金刚石钻头作为刻取岩石的重要工具，其性能的优劣直接影响钻进效率、钻孔质量和钻探成本。

　　说起金刚石，也许大家会问，这个金刚石和那个"钻石恒久远，一颗永流传"的钻石一样吗？金刚石钻头用的金刚石是钻石吗？没错，金刚石和钻石在本质上是一样的，它是自然界最坚硬的物质，前者是矿物学中的称呼，后者是宝石行业中的称呼。金刚石钻头也确实是用钻石做的，但都是用比珠宝钻石品质低的工业金刚石。工业金刚石有天然的[图 7-2(a)]，也有人造的，人造金刚石种类可就多了，有单晶、聚晶及金刚石复合体[图 7-2(b)、图 7-3]等。人造金刚石单晶是石墨粉料及合金触媒剂在高温高压条件下合成的结晶体，具有硬度和抗压强度高、耐磨性好等特性；人造金刚石聚晶是金刚石微粉与微量的结合剂在高温高压条件下合成的各种形状的聚合体，具有良好的热稳定性和较高的耐磨性，但抗冲击韧性较低；金刚石复合体以复合片为代表，是由许多细颗粒金刚石在高温超高压条件下烧结而成的带硬质合金衬底的多晶金刚石产品，既具有金刚石的硬度与耐磨性，又具有硬质合金的强度与抗冲击韧性[7]。将这些超硬材料应用于钻探行业，可以制造出各种各样的金刚石钻头。

(a) 天然金刚石　　　　　　　　(b) 人造金刚石

图 7-2　工业金刚石单晶

 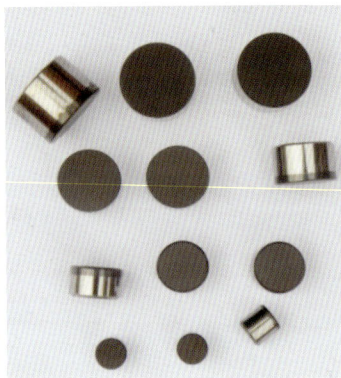

(a) 聚晶　　　　　　　　　　(b) 金刚石复合体

图 7-3　聚晶及金刚石复合体

7.2　金刚石钻头有哪些

在地质钻探领域，很早之前人们使用钢粒钻进，但随着科技发展，岩石切削磨料经历了巨大变化。1862 年天然金刚石钻头首次应用于矿山钻探，其是采用手工方法将黑色的金刚石镶嵌在钢制的环状钻头上。20 世纪 40 年代，出现了采用孕镶细粒金刚石的取心钻头和全面钻头。1954 年美国通用电气公司用人工方法合成了单晶人造金刚石，20 世纪 70 年代又先后开发了聚晶金刚石、金刚石复合片等多种新型超硬复合材料，为钻探工程提供了极为丰富而廉价的钻探磨料，使得金刚石钻头技术获得十分广泛的应用。

　　为了在高温、高压、高地应力等复杂工况条件下保证金刚石钻头的效率和寿命，研究人员开发出很多种类的金刚石钻头。按照金刚石的来源，可以分为天然金刚石钻头和人造金刚石钻头。按金刚石镶嵌形式，可分为表镶金刚石钻头［图7-4（a）（c）］和孕镶金刚石钻头［（图7-4(b)］，前者金刚石均匀布满钻头的胎体表面，以便有效刻取岩石，其一般粒度较大，适用于中硬地层；后者由很多细小的金刚石均匀分布在钻头胎体中，更适用于硬-坚硬地层。按照钻头的用途，可以分为取心钻头［图7-4(a)(b)(d)］和全面钻头［图7-4(c)］，地质岩心钻探和大陆科学钻探一般都要求全孔取心，以便对岩心进行分析研究，因此一般使用取心钻头；而石油钻井尤其是开发井以全面钻进为主，故常用全面钻头。人们还习惯按加工制造工艺命名，如热压烧结金刚石钻头、低温电镀金刚石钻头、无压浸渍金刚石钻头等[5]。其中热压烧结法是压制和烧结过程同时进行，可使胎体良好地包镶金刚石，并将胎体和钢体固结，是钻头的常用制造方法之一；低温电镀法是利用金属电镀原理将黏结金属镀到铺有金刚石的钻头钢体上，这种方法生产周期长；无压浸渍法是将金刚石与骨架粉末按比例混匀装入石墨模具内，其上放置钢体及黏结金属，再放入加热炉中烧结，尤其适用于制造特殊形状的钻头。

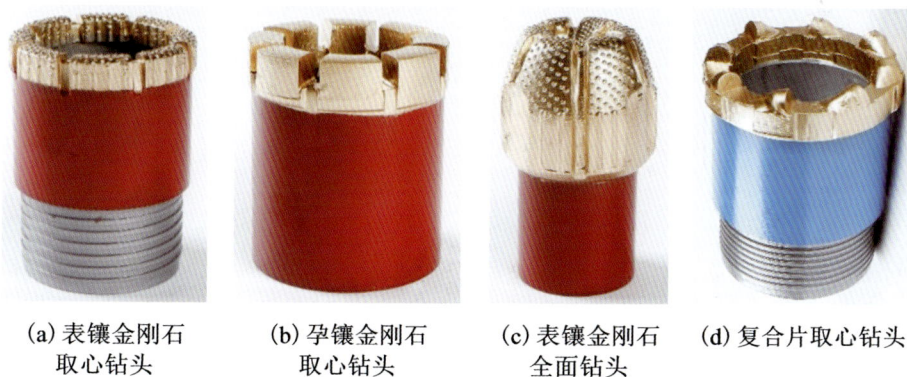

(a) 表镶金刚石　　(b) 孕镶金刚石　　(c) 表镶金刚石　　(d) 复合片取心钻头
　　取心钻头　　　　取心钻头　　　　全面钻头

图7-4　金刚石钻头

7.3 金刚石钻头如何工作

简单来说，金刚石钻头工作的过程就是用金刚石不断破碎岩石的过程[5]，如图 7-5 所示。在破碎岩石的过程中，需要给钻头施加一定压力和转速，使金刚石能够压入岩石，并在旋转中持续破碎岩石，钻头与岩石相互摩擦，会不断产生热量和大量细小的岩屑，故需要用循环流体为钻头降温并将岩屑带走，以提高钻头破岩效率[6]。钻头唇面上出露的金刚石在轴向压力作用下切入岩石，在与金刚石接触的岩石上产生裂隙区；在切向力作用下，金刚石沿横向滑移，随之形成裂隙带；重复的压、张作用使得裂隙带不断伸展、相交，造成岩石的破碎。一般金刚石钻头钻进坚硬脆性岩石时以压裂、压碎为主，其特点为"崩离"；钻进较软岩石时，以剪切、切削为主，其特点为"犁开"。

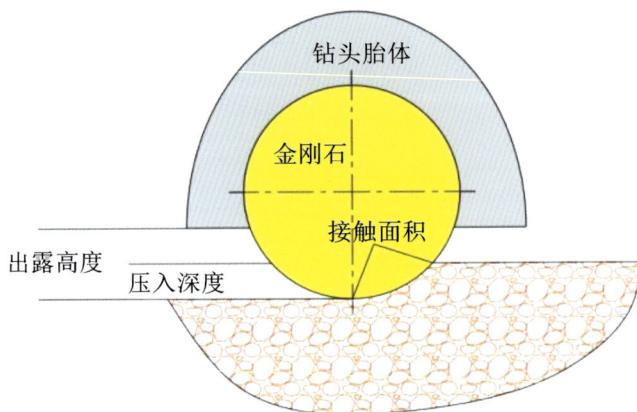

图 7-5 金刚石钻头工作过程示意图

7.4 金刚石钻头的应用及展望

7.4.1 金刚石钻头的工程应用

近年来，金刚石钻头在科学钻探、能源勘探、地质矿产勘查等领域广泛应用，如中国大陆科学钻探 1 井（CCSD-1）和松科 2 井，均使用了孕镶金刚石取心钻头[图 7-6(a)(b)][1,7]；能源勘探中，使用了表孕镶金刚石全面钻头[图 7-6(c)]和复合片全面钻头[图 7-6(d)]；地质矿产勘查中，使用了高胎体金刚石取心钻头[图 7-6(e)]和尖齿复合片取心钻头[图 7-6(f)][8-11]。这些金刚石钻头的使用，大幅加快了我们探索地球奥秘的步伐。

(a) 孕镶金刚石取心钻头 1　　(b) 孕镶金刚石取心钻头 2　　(c) 表孕镶金刚石全面钻头

(d) 复合片全面钻头　　(e) 高胎体金刚石取心钻头　　(f) 尖齿复合片取心钻头

图 7-6　金刚石钻头

目前我国金刚石钻头水平总体上已得到大幅提升，尤其是表孕镶金刚石全面钻头的性能和指标均超过了国外同类型钻头。如近期在我国南方海相最深井——元深 1 井须家河地层中，采用中国地质调查局北京探矿工程研究所研制的 ϕ406 mm 表孕镶金刚石全面钻头（图 7-7），配合高速涡轮实现了快速钻进，钻头的寿命及机械钻速远超在该井使用的其他国内外钻头。但在钻遇较硬的砂砾石地层时，国产复合片钻头较国外同类型钻头尚存在一定差距。

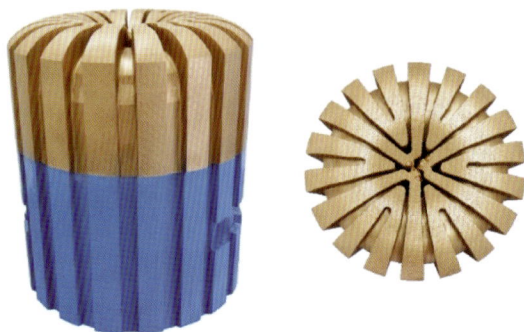

图7-7 北京探矿工程研究所研制的 ϕ406 mm 表孕镶金刚石全面钻头

7.4.2 不足与展望

深部资源勘探以及地球深部探测计划的开展，对金刚石钻头提出了新要求、新挑战，需要不断提高"金刚钻"——金刚石钻头的能力。目前国内对于深部高温、高压、高地应力条件下岩石的物理力学性质、钻头破岩机理、耐高温钻头胎体与切削材料等的研究很少，国外虽已做过一定工作，但可查资料较少，因此亟须在这些方面开展针对性研究。

未来金刚石钻头将向复合结构和适应多种复合钻进方式的方向发展，以期获得更长的钻头寿命和更快的钻进速度。钻探行业有了"金刚钻"，才能让我们更加深入地了解地球。同样，其他行业也需要有各自的"金刚钻"，这样才能揽住自己的"瓷器活"，科技才会不断进步，社会才能不断发展。

参考文献

[1] 赵尔信. 金刚石钻头的发展趋势[J]. 超硬材料工程，2015，27(1)：52-59.

[2] 张金昌，刘秀美. 13000 m 科学超深井钻探技术[J]. 探矿工程(岩土钻掘工程)，2014，41(9)：1-6.

[3] 张金昌，谢文卫. 科学超深井钻探技术国内外现状[J]. 地质学报，2010，84(6)：887-894.

［4］王达，张伟，贾军. 特深科学钻探的关键问题［J］. 科学通报，2018，63（26）：2698-2706.

［5］刘广志. 金刚石钻探手册［M］. 北京：地质出版社，1991.

［6］汤凤林，Нескоромных В В，宁伏龙，等. 金刚石钻进岩石破碎过程及其与规程参数关系的研究［J］. 钻探工程，2021，48（10）：43-55.

［7］侯贺晟，王成善，张交东等. 松辽盆地大陆深部科学钻探地球科学研究进展［J］. 中国地质，2018，45（4）：641-657.

［8］王达，何远信，等. 地质钻探手册［M］. 长沙：中南大学出版社，2014.

［9］李春，沈立娜. "松科二井"用硬岩长寿命钻头的设计与应用［J］. 探矿工程（岩土钻掘工程），2018，45（2）：56-60.

［10］蔡家品，贾美玲，沈立娜，等. 难钻进地层金刚石钻头的现状和发展趋势［J］. 探矿工程（岩土钻掘工程），2017，44（2）：67-73，91.

［11］阮海龙，沈立娜，李春，等. 弹塑性致密泥岩用新型尖齿 PDC 钻头的研制与应用［J］. 探矿工程（岩土钻掘工程），2014，41（12）：80-83.

8　护壁堵漏材料

钻探工程技术被称为我国的"第五大发明"，发展至今，其服务领域已不仅限于资源勘查、地质勘探，在岩土与地基工程、地质灾害治理、地质灾害救援、地质环境保护、地下管网铺设、国防工程、地球科学研究等领域也发挥着重要作用[1]。钻探作为一项具有高度风险的隐蔽性工程，常常遭遇以坍塌、漏失为主体的复杂地层，钻孔缩径、孔壁垮塌及浆液漏失问题十分常见，处理不当往往容易引起卡钻、埋钻等钻孔事故，情况严重的可能导致钻孔直接报废，极大程度上制约了钻探质量和效率[2]。为对各种孔内复杂事故进行及时有效的预防和处理，护壁堵漏材料应运而生。护壁堵漏材料主要包括冲洗液、水泥浆液、化学浆液、惰性材料等，其中冲洗液及水泥浆液在工程实践中应用极为广泛，下面将对其进行重点介绍。

8.1　护壁堵漏材料——从"血液"到"护甲"

地质岩心钻探中对"护壁堵漏"的定义是，利用冲洗液、水泥浆液、化学浆液、惰性材料、套管等来保持和维护孔壁稳定，封堵钻孔漏失通道[3]。在工程实际中，考虑到经济适用性等多方面的因素，各种类型的冲洗液与水泥浆液仍是目前应用极为广泛的护壁堵漏材料。冲洗液是指在钻探过程中通过循环作用将钻进工作产生的岩屑冲洗出来的一种介质[4]。在钻探工作早期，多直接采用黏土与水混合来制得冲洗液。因此，业内人员也常将冲洗液习惯性地称作泥浆（图8-1）。

若将钻孔比作人的躯干，冲洗液则可视为循环流通于人体中的"血液"。人体血液虽仅占人体质量的7%~8%，但遍布整个躯体，因此其可直接影响人体

图 8-1　泥浆及泥浆池

的生命。与血液类似,冲洗液同样贯穿于整个钻探过程。在钻进过程中,冲洗液与地层直接接触,冲洗液与地层之间的相互作用将直接影响孔壁稳定。因此,与血液指标对人体健康的影响类似,冲洗液的各项性能对保持、维护孔壁稳定也具有不可替代的作用。在钻进作业现场,工程师会根据钻遇地层的实际条件对冲洗液的各项性能进行调整,以尽量给出最为经济适用的冲洗液配方。然而,由于地质条件千变万化,某些地质条件下的孔壁失稳问题让经验丰富的钻探工程师也束手无策。例如,当钻遇严重破碎、宽大裂隙、大溶洞,以及严重漏失、涌水、坍塌等极端复杂地层时,利用冲洗液来护壁已经难以发挥作用。类似于人体内的血管出现严重破裂、梗阻时,血液已经无法正常循环,此时必须寻求途径彻底解决问题以修复血管。经过多年的现场经验总结,水硬性胶凝材料被视为修复地层的理想型材料,其中各种水泥浆液是目前现场应用最为广泛的护壁堵漏材料。水泥基护壁堵漏材料进入地层后,可以有效封堵、固化地层裂缝,进而将严重破碎的地层胶结成一个整体,从而阻止冲洗液恶性漏失[5]。水泥基护壁堵漏材料进入钻孔后,类似于给孔壁装上了一层可靠的"护甲",因此可将其形象地称为钻探的"护甲"。

8.2　钻探"血液"——冲洗液护壁堵漏

与人体躯干的血液循环过程类似(图 8-2),冲洗液由专业的冲洗液工程师在地面进行配制,然后利用钻探的"心脏"——泥浆泵提供的动力泵入孔内,再从钻头水口高速喷出，最后通过钻杆与钻孔之间的环空间隙上返至地面。冲洗液在循环过程中，不断与地层之间发生相互作用，这种相互作用的过程实际上也是冲洗液发挥护壁堵漏作用的过程。

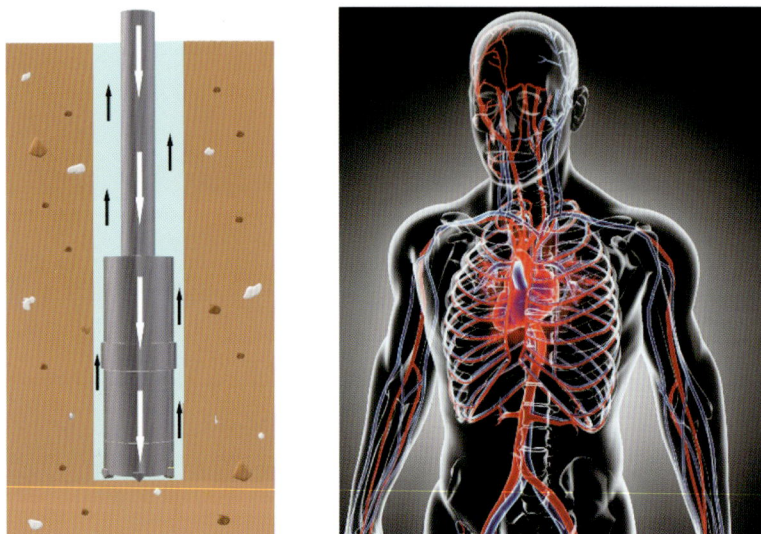

图 8-2　冲洗液循环与血液循环

　　冲洗液的滤失造壁能力是影响孔壁稳定性的关键因素，特别是对于松散、破碎以及遇水失稳地层等复杂性地层，这项性能显得尤为关键。实际钻进过程中，孔壁岩石均存在一定程度的裂隙或孔隙，在压力差的作用下，冲洗液中的自由水将不断向地层内渗透，同时冲洗液中的固相颗粒也会不断附着至孔壁上，形成渗透性较小的滤饼。在滤饼作用下，冲洗液进入地层的速度大幅度减缓，直到达到一个相对稳定的动态滤失过程，冲洗液在该过程中展现的性能称为冲洗液的滤失造壁性。冲洗液滤失造壁能力的强弱主要通过冲洗液滤失量的大小及其形成滤饼的质量来衡量。滤饼的质量对于保证孔壁稳定性具有显著的积极意义，质量良好的滤饼可以大幅度减少液相渗入地层内，从而减轻水敏地层的水化分散，保证钻进安全。通常，水敏性地层宜选用无固相或低固相冲洗液护壁，纤维素类、淀粉类、水解聚丙烯腈类等处理剂常用于调控此类冲洗液的各项性能。此外，在一些松散破碎地层，宜选用分散冲洗液进行护壁，此类冲洗液的主要组分除了纤维素类、淀粉类等处理剂以外，往往还需要添加改性沥青、乳化沥青、随钻循环堵漏剂、超细碳酸钙等具有胶结封堵功能的处理剂[6]。

冲洗液的另一重要功能是通过其液柱压力来平衡地层压力。针对不同的地层情况，往往通过动态调整冲洗液的密度来确保其静液柱压力可以有效平衡地层的孔隙压力，从而减少孔壁塌陷、掉块等。有时也通过调节冲洗液的密度来平衡地层构造压力，以避免井塌的发生。冲洗液的密度是影响孔壁稳定性的一个重要指标，如果密度过高，则冲洗液会过稠，容易增加漏失风险，对孔壁稳定性不利，此外，过高的密度也会造成钻速下降，并且不利于控制冲洗液的成本；如果冲洗液密度过低，则容易出现孔塌、孔径缩小及携岩能力下降等问题。因此，在实际钻进过程中，要求具有丰富经验的工程师能够准确、合理地设计冲洗液的密度范围，并且在钻进过程中需要对冲洗液的密度随时进行检测及调整。往冲洗液体系中适当添加重晶石等加重材料是增加冲洗液密度最为常用的方法。在加重前，应该调整好冲洗液的各项性能，特别是低密度固相的含量。一般情况下，冲洗液预期所需要的密度越大，则加重前冲洗液的固相含量、黏度及剪切力等应控制得越低。在部分平衡压力钻井或欠平衡钻井中，有时需要适当降低冲洗液的密度。目前，最常用的方法是通过机械处理和化学絮凝的方法清除无用固相，从而降低冲洗液的固相含量，达到降低冲洗液密度的目的。

虽然在实际钻进作业中，冲洗液成本通常只占钻井总成本的 7% ~ 10%，但优质的冲洗液往往可以大幅度减少孔内复杂情况的发生，从而提高钻探效率、节约作业成本、保护生态环境。随着钻探面临的环境日趋复杂，以及钻探工艺的不断革新，钻探对冲洗液质量的要求越来越高，对优质冲洗液的需求量也越来越大。优质冲洗液的配制离不开相应的冲洗液材料，一些新兴的冲洗液材料不断被尝试引入冲洗液体系中，例如纳米材料[7]、耐高温材料[8-10]、绿色环保材料[11-12]等。因此，冲洗液的作用不容忽视。

8.3 钻探"护甲"——水泥基材料护壁堵漏

当人体躯干的血管发生严重破损或堵塞时，血液便无法正常循环。类似地，在某些复杂地质条件下（图8-3），冲洗液漏失严重，已经无法正常发挥作用。例如，在钻遇严重破碎地层时，即使采用防塌型冲洗液也难以维持孔壁稳定，钻孔易塌孔，造成钻孔"大肚子"、卡钻埋钻；在钻遇宽大裂隙地层时，冲洗液恶性漏失，基本无法发挥护壁作用，同时增加了钻探成本；在钻遇动水地层时，孔壁稳定性极差，同时，由于地下水的大量侵入，冲洗液的各项性能也无法满足护壁需求。

图 8-3　某钻探现场典型孔壁垮塌漏失地层

　　针对上述复杂情况，需要利用水硬性胶凝材料来达到钻进过程中的护壁堵漏需求。水泥基护壁堵漏材料因材料来源广泛、经济适用性好，常常被钻探工作者用作极端复杂环境下的钻孔护壁堵漏材料。水泥基护壁堵漏材料因其自身的胶凝特性，可在复杂地质条件钻探过程中充当"护甲"作用，以封堵、固化松散破碎地层，保证复杂地层下钻探工作的顺利进行。用水泥进行护壁堵漏是指将水泥浆液通过钻杆注入孔内，并使之进入目标区域。待其凝固后，地层裂隙被有效封堵，破碎的地层被胶结成一整块岩体，这时即可下放钻具继续钻进。通常要求用于钻孔护壁堵漏的水泥浆液应具备流动性良好、初凝时间适当、初终凝时间间隔短、强度增长快、早期强度高、低失水、低析水、适当的渗透性及抗腐蚀性等特点。实际工程中，水泥类型需要通过护壁堵漏要求、地层条件及水质条件综合确定，常选用的水泥类型包括硅酸盐水泥、硫铝酸盐水泥和油井水泥等。大多数正常情况下，使用普通硅酸盐水泥浆液，通过添加高效减水剂和早强剂等外加剂调节其性能，即可满足使用要求。但在极端温度条件下，如极低温条件下，水泥浆液凝结硬化缓慢，耽搁钻探工程施工进度。经过长期研究发现，将普通硅酸盐水泥和硫铝酸盐水泥按一定比例配制成复合水泥，通过一定的外加剂调控其性能，可以满足极端温度下的钻孔护壁堵漏要求。基于此，成都理工大学钻探教研室研制了抗低温复合水泥[13-15]、抗高温玄武岩纤维复合水泥[16-18]，现场应用效果良好(图 8-4)。

图 8-4　某钻探现场利用水泥基材料进行护壁堵漏

8.4　护壁堵漏材料研究任重道远

　　钻探工程技术在经济社会发展过程中扮演着重要角色，钻探工程中的护壁堵漏材料也成为研究重点，研究人员从配方、原料、工艺等方面对其开展了长期而广泛的研究，取得了一系列研究成果。但面对日趋复杂的钻探地质环境和不断革新的钻探工艺，在以下几个方面仍有进一步研究和发展的空间。

　　(1)高性能低成本护壁堵漏材料需要进一步开发。钻探工程降本增效道阻且长，因此，如何实现护壁堵漏材料的高性能、低成本就显得非常重要。现阶段的部分护壁堵漏材料仍难以兼顾低成本与高性能需求，在一定程度上制约了该类材料在工程实际中的广泛应用。

　　(2)特殊地质条件下的护壁堵漏材料体系需要进一步完善。大陆科学超深钻探、极端严寒天气冻土层钻探、大洋深水钻探所面临的超高温、超低温以及盐水环境对护壁堵漏材料性能提出了更为特殊的要求，护壁堵漏材料在此类极端恶劣环境下的性能稳定性仍需得到进一步研究。

　　(3)护壁堵漏材料的环保性需要得到进一步关注。随着国家对生态环保工作力度的加强，以及极地、高原、海洋等生态脆弱地区钻探工作的大力开展，实现钻探全过程的"绿色化""生态化"是钻探行业转向高质量发展的必经之路。如何尽量减轻钻探作业对环境的影响，如何构建真正意义上的环保型护壁堵漏材料体系，是值得进一步思考的关键性问题。

因此，为实现钻探工程行业优化改造升级以及高质量发展，需要更多的研究人员投身进来，不断构建和完善高性能、低成本、高环保性的新型护壁堵漏材料体系，为向地球深部进军的战略目标保驾护航。

参考文献

[1] 王达，李艺，周红军，等.我国地质钻探现状和发展前景分析[J].探矿工程(岩土钻掘工程)，2016，43(4)：1-9.

[2] 王扶志，张志强，宋小军.地质工程钻探工艺与技术[M].长沙：中南大学出版社，2008.

[3] DZ/T 0410—2022.地质钻探护壁堵漏技术规程[S].

[4] 鄢捷年.钻井液工艺学(修订版)[M].东营：中国石油大学出版社，2012.

[5] 张川.硅酸盐-硫铝酸盐复合浆液灌注性能与水化协同效应研究[D].成都：成都理工大学，2016.

[6] 乌效鸣，蔡记华，胡郁乐.钻井液与岩土工程浆材[M].武汉：中国地质大学出版社，2014.

[7] 刘徐三.纳米材料对低固相冲洗液性能影响的研究[J].钻探工程，2022，49(4)：61-67.

[8] 蒋炳，严君凤，张统得.HTD-3型高温堵漏材料研制及性能评价[J].钻探工程，2022，49(1)：57-63.

[9] 吴雪鹏.耐高温多元插层膨胀石墨材料及其应用研究[J].钻探工程，2023，50(3)：66-73.

[10] 邹志飞，熊正强，李晓东，等.耐230 ℃高温海水钻井液室内实验研究[J].钻探工程，2022，49(1)：49-56.

[11] 李冰乐，王胜，袁长金，等.复杂山区水平绳索取心定向钻进聚合醇绿色防塌冲洗液研究[J].钻探工程，2023，50(6)：85-91.

[12] 李田周，陶士先，熊正强.磷石膏地层用钙基成膜环保冲洗液研究与应用[J].钻探工程，2023，50(1)：49-54.

[13] 华绪.纳米复合水泥浆液低温流变/凝固特性与水化过程研究[D].成都：成都理工大学，2019.

[14] 汪靖扉.冻土钻探纳米复合水泥基护壁堵漏材料研究[D].成都：成都理工大学，2018.

[15] WANG S, JIAN L M, SHU Z H, et al. Preparation, properties and hydration process of low

temperature nano-composite cement slurry[J]. Construction and Building Materials, 2019, 205(30): 434-442.

[16] WANG S, WU L Y, JIANG G, et al. A high temperature composite cement for geothermal application[J]. Journal of Petroleum Science and Engineering, 2020, 195: 107909.

[17] 陈绍华. 硅酸盐水泥的高温凝固特性及深孔护壁堵漏材料研究[D]. 成都: 成都理工大学, 2020.

[18] 王胜, 吴丽钰, 蒋贵, 等. 深孔纳米复合水泥基护壁堵漏材料研究[J]. 钻探工程, 2021, 48(12): 7-13.

图书在版编目(CIP)数据

钻井利器的故事／梁健，梁楠主编. --长沙：
中南大学出版社，2025.4.
  ISBN 978-7-5487-6118-1

Ⅰ. TE92

中国国家版本馆 CIP 数据核字第 20253AB030 号

钻井利器的故事
ZUANJING LIQI DE GUSHI

梁健　梁楠　主编

□出 版 人　林绵优
□责任编辑　刘小沛
□责任印制　唐　曦
□出版发行　中南大学出版社

　　　　　社址：长沙市麓山南路　　　　邮编：410083
　　　　　发行科电话：0731-88876770　　传真：0731-88710482

□印　　装　湖南至尚美印数码科技有限公司

□开　　本　710 mm×1000 mm 1/16　□印张 5.25　□字数 91 千字
□版　　次　2025 年 4 月第 1 版　　　□印次 2025 年 4 月第 1 次印刷
□书　　号　ISBN 978-7-5487-6118-1
□定　　价　48.00 元